计算机专业"十四五"精品教材

局域网组建与维护

主 编 姜立林 路 晶 雷伟军

副主编 王艳红 马诗朦 胡长生 钟 华

U0222138

哈尔滨工程大学出版社

Harbin Engineering University Press

内容简介

本书根据理论实践一体化的教学特点，充分利用网络、多媒体等多种教学手段，考虑教学需求，设置了完整的教学环节。本书共 6 章，主要包括网络设备认知与选购、规划 IP 地址、组建办公区网络、组建企业网络、接入互联网络和 DHCP 服务管理等内容。

本书既可以作为职业院校计算机应用专业、网络技术专业、电子商务专业、楼宇自动化专业等理实一体化的教材使用，也可以作为网络管理人员、网络爱好者及网络用户的学习参考资料。

图书在版编目（CIP）数据

局域网组建与维护 / 姜立林，路晶，雷伟军主编. —
哈尔滨 ： 哈尔滨工程大学出版社，2021.9（2023.8 重印）
ISBN 978-7-5661-3245-1

I. ①局… II. ①姜… ②路… ③雷… III. ①局域网
—基本知识 IV. ①TP393.1

中国版本图书馆 CIP 数据核字（2021）第 172325 号

局域网组建与维护
JUYUWANG ZUJIAN YU WEIHU

责任编辑 张林峰
封面设计 赵俊红

出版发行	哈尔滨工程大学出版社
社　　址	哈尔滨市南岗区南通大街 145 号
邮政编码	150001
发行电话	0451-82519328
传　　真	0451-82519699
经　　销	新华书店
印　　刷	玖龙（天津）印刷有限公司
开　　本	787 mm×1 092 mm　1/16
印　　张	15
字　　数	384 千字
版　　次	2021 年 9 月第 1 版
印　　次	2023 年 8 月第 2 次印刷
定　　价	49.80 元

http: //www.hrbeupress.com
E-mail：heupress@hrbeu.edu.cn

前　言

当今社会是一个信息化的社会，信息化影响着社会发展的方方面面，而各企业无疑是社会经济发展的推动器。企业的发展必然离不开信息化的支持，越来越多的企业积极投身到信息网络的建设当中，企业网的搭建是当今企业发展的当务之急。搭建一套适合自身发展的网络系统，才能有利于企业的发展。

为帮助广大读者快速掌握局域网方面的知识，我们特地组织专家和一些一线骨干老师编写了《局域网组建与维护》一书。本书具有以下几个主要特点。

（1）本书以局域网组建与维护为出发点，以各种重要技术为主线，循序渐进地介绍了局域网基础理论及局域网组建和安全管理。

（2）本书通过全新的写作手法和写作思路，便于读者在阅读和学习本书之后能够快速掌握局域网方面知识，真正成为组建局域网的行家里手。

（3）本书以使用为出发点，以培养读者的实践和实际应用能力为目标，并通过通俗易懂的文字和手把手的教学方式讲解局域网组建与维护中的要点、难点，可以让读者能掌握实际的应用技能。

本书共 6 章，主要包括网络设备认知与选购、规划 IP 地址、组建办公区网络、组建企业网络、接入互联网络和 DHCP 服务管理等内容。

本书由姜立林（潍坊护理职业学院）、路晶（中国民用航空飞行学院）和雷伟军（西安文理学院）担任主编，由王艳红（菏泽化工高级技工学校）、马诗朦（辽阳职业技术学院）、胡长生（福州软件职业技术学院）和钟华（重庆市江南职业学校）担任副主编。本书相关资料可扫封底二维码或登录 www.bjzzwh.com 下载获得。

本书既可以作为职业院校计算机应用专业、网络技术专业、电子商务专业、楼宇自动化专业等理实一体化的教材使用，也可以作为网络维护人员、网络爱好者及网络用户的学习参考资料。

由于水平有限，书中存在的疏漏和不当之处，敬请各位专家及读者不吝赐教。

编　者

2021年8月

前　言

目　录

第1章　网络设备认知与选购........................1

　1.1　双绞线的认知与制作.................1

　　1.1.1　双绞线的种类........................1

　　1.1.2　非屏蔽双绞线........................2

　　实训1：网线的制作........................3

　1.2　交换机的基本认识与选购.........5

　　1.2.1　交换机的基本知识................5

　　1.2.2　交换机的选购........................8

　　实训2：选购交换机......................10

　1.3　路由器的认识与选购...............11

　　1.3.1　路由的基本知识..................11

　　1.3.2　路由的工作原理..................12

　　1.3.3　路径表..................................12

　　1.3.4　路由器与交换机的区别......13

　　实训3：选购合适的网络设备........14

　　实训4：选购合适的路由器............15

　本章小结...16

　本章习题...16

第2章　规划IP地址...........................17

　2.1　网络IP地址需求数量的确定...17

　　2.1.1　IP地址基本知识..................17

　　2.1.2　子网划分..............................20

　　2.1.3　基本的固定长度掩码.........23

　　实训1：IP地址数量估算...............32

　2.2　划分子网并确定子网IP地址

　　　　范围...32

　　2.2.1　查看网络设计......................33

　　2.2.2　需要子网的数量..................33

　　2.2.3　选择正确的掩码..................34

　　2.2.4　确定掩码位数......................35

　　2.2.5　私有地址管理和大型网络的

　　　　　子网划分..............................36

　　实训2：分配子网地址....................38

　　实训3：分配设备地址....................39

　　实训4：IPv6基础典型配置指导........40

　本章小结...44

　本章习题...44

第3章　组建办公区网络.............................46

　3.1　交换机基本配置.........................46

　　3.1.1　交换机的重要技术参数......46

　　3.1.2　交换机的工作原理............48

　　3.1.3　交换机的三种交换技术......49

　　3.1.4　第二层交换技术原理...........50

　　3.1.5　交换机的几种配置方法..........51

　　3.1.6　交换机的命令行（CLI）

　　　　　操作...................................53

　　实训1：主机名的配置删除.................56

　　实训2：配置交换机端口基本参数.....56

　3.2　二层交换机划分VLAN............62

　　3.2.1　VLAN的分类........................62

　　3.2.2　VLAN的实现机制.................62

　　3.2.3　VLAN的划分方法................64

　　3.2.4　VLAN帧结构........................67

　　3.2.5　VTP..69

　　3.2.6　VLAN访问链接模式............77

3.2.7 VLAN 典型应用 83

实训 3：单台交换机划分 Vlan..........86

3.3 跨交换机划分 VLAN 88

3.3.1 三层交换的基本概念 88

3.3.2 三层交换的基本原理...........88

实训 4：跨交换机划分 VLAN........89

3.4 端口聚合提供冗余备份链路 93

实训 5：端口聚合提供冗余备份

链路 93

3.5 VLAN 间通信 96

实训 6：用三层交换机的物理接口

实现 VLAN 间路由的实验拓扑........97

实训 7：用三层交换机的虚拟接口

实现 VLAN 间路由 101

本章小结 106

本章习题 106

一、选择题 106

二、简答题 107

第 4 章 组建企业网络 111

4.1 路由器基本配置 111

4.1.1 路由器接口 111

4.1.2 路由器的内存组件.........112

4.1.3 路由器的启动过程.........112

实训 1：路由器基本配置.................113

拓展训练 1：路由器的配置.............114

4.2 路由器密码恢复 117

4.2.1 cisco IOS 软件中的

引导选项 117

4.2.2 cisco 路由器密码恢复原理....118

4.2.3 cisco 路由器密码恢复类别.....118

实训 2：路由器密码恢复.................118

拓展训练 2：cisco 2600 系列路由器

密码恢复 121

4.3 静态路由的配置...................122

4.3.1 路由器的功能 122

4.3.2 带下一跳地址的静态路由 123

4.3.3 带送出接口的静态路由 123

4.3.4 静态路由总结 124

4.3.5 默认路由 126

实训 3：静态路由配置 127

拓展训练 3：使用静态路由实现

跨网段的网络通信 129

4.4 动态路由 RIP 协议的配置........130

4.4.1 动态路由分类 130

4.4.2 RIP 路由协议 130

4.4.3 RIP 工作原理 130

4.4.4 路由环路 133

4.4.5 配置 RIPV2 135

实训 4：动态路由 RIP 协议配置.....136

拓展训练 4：使用 RIP 协议实现

跨网段的网络通信 140

4.5 动态路由 OSPF 协议的配置 ...141

4.5.1 动态路由 OSPF 协议的

基本知识 141

4.5.2 OSPF 的邻居关系...........144

4.5.3 OSPF 的路由 145

实训 5：动态路由 ospf 协议配置 148

拓展训练 5：使用多区域的 OSPF 协议

实现跨网段的网络通信 150

4.6 动态路由 EIGRP 协议的

配置 150

4.6.1 EIGRP 的概念 151

4.6.2 EIGRP 的主要特点 151

4.6.3 EIGRP 数据包类型 152

4.6.4 EIGRP 的三个表 152

4.6.5 EIGRP 的路由 152

4.6.6 EIGRP 的两种距离.........153

4.6.7 EIGRP 的运行原理 154

4.6.8 配置 EIGRP 155

实训 6：动态路由 EIGRP 协议

配置 155

拓展训练 6：使用 RIP 协议实现

跨网段的网络通信 158

本章小结 159

本章习题 159

第 5 章 接入互联网络 162

5.1 访问控制列表 ACL 162

5.1.1 ACL 的类型 163

5.1.2 ACL 的工作过程 164

5.1.3 ACL 的作用 164

5.1.4 ACL 的分类 165

5.1.5 ACL 的配置过程 172

5.1.6 ACL 的配置注意事项 174

实训 1：标准的 ACL 的配置要求 175

实训 2：扩展的 ACL 的配置要求 178

拓展训练 1：课后训练 179

5.2 NAT 地址转换 179

5.2.1 NAT 简介 180

5.2.2 NAT 术语 181

5.2.3 NAT 技术类型 182

5.2.4 NAT 转换技术三者之间的

区别 188

实训 3：路由器基本配置 189

拓展训练 2：课后训练 193

5.3 广域网连接 PPP 协议 193

5.3.1 PPP 协议基本知识 194

5.3.2 PPP 通信过程 195

5.3.3 PPP 协议的认证过程 198

5.3.4 PPP 协议的配置 199

实训 4：路由器基本配置 202

拓展训练 3：课后训练 206

本章习题 206

第 6 章 DHCP 服务管理 207

6.1 DHCP 服务的配置与管理 207

6.1.1 DHCP 基本知识 207

6.1.2 DHCP 数据包格式 209

6.1.3 DHCP 工作原理 210

6.1.4 网络设备配置 DHCP 212

实训 1：DHCP 服务配置与管理 219

拓展训练 1：DHCP 拓展训练 223

6.2 DHCP 中继的配置与管理 223

6.2.1 DHCP relay 基本知识 224

6.2.2 DHCP 中继 224

实训 2：DHCP 中继配置与管理 224

拓展训练 2：某企业的 DHCP 中

继配置与管理 226

本章小结 227

本章习题 227

参考文献 229

第 1 章　网络设备认知与选购

【本章导读】

某企业在组建了内部网络后由于设计到的建筑比较多，现在把不同建筑之间的网络进行连接，流量汇聚到网络中心机房。现在要使用路由器设备实现各个建筑网络的汇聚与通信，根据网络拓扑图，现在使用不同的网络协议实现网络的汇聚与通信。

【本章目标】

➢ 掌握双绞线的制作方法。

➢ 认识和了解集线器的定义、分类；掌握集线器的工作特点，并且能在中小型网络组建中应用集线器。

➢ 认识和了解交换机的定义、特性和种类；掌握交换机的工作原理，并且能在中小型网络组建中应用交换机。

➢ 认识和了解路由器的作用、主要功能；掌握路由器的工作原理，并且能在中小型网络组建中应用路由器。

1.1　双绞线的认知与制作

双绞线（twisted pair，TP）由两根 22 号、26 号绝缘铜导线相互缠绕而成，每根铜导线的绝缘层上分别涂有不同的颜色，如果把一对或多对双绞线放在一个绝缘套管中便构成了双绞线电缆。

1.1.1　双绞线的种类

双绞线的分类方法主要有以下几种。

（1）按结构分类：双绞线电缆可分为非屏蔽和屏蔽两类双绞线电缆。

（2）按性能指标分类：双绞线电缆可分为 1 类、2 类、3 类、4 类、5 类、5e 类、6 类、7 类双绞线电缆。

（3）按特性阻抗分类：双绞线电缆可分为 100 欧姆 、120 欧姆和 150 欧姆等几类。常用的是 100 欧姆的双绞线电缆。

（4）按双绞线对数多少分类：其中 1 对、2 对、4 对是双绞线电缆；25 对、50 对、100 对是大对数的双绞线电缆。

1.1.2 非屏蔽双绞线

非屏蔽双绞线电缆，没有用来屏蔽双绞线的金属屏蔽层，在绝缘套管中封装了一对或一对以上的双绞线，每对双绞线按一定密度互相绞在一起，提高了抗系统本身电子噪声和电磁干扰的能力，但不能防止周围的电子干扰。

常用的双绞线电缆封装有 4 对双绞线，其他还有 25 对、50 对和 100 对等大对数的双绞线电缆。大对数的双绞线电缆用于语音通信的干线子系统中。

1. 3 类非屏蔽双绞线-CAT3 UTP

市场上的 3 类非屏蔽双绞线产品只有应用于语音主干布线的 3 类大对数的双绞线电缆及相关配线设备。

2. 5 类非屏蔽双绞线-CAT5 UTP

5 类非屏蔽双绞线最高频率带宽为 100 MHz，传输速率为 100 Mbps（最高可达 1 000 Mbps）。其主要应用于语音、100 Mbps 的快速以太网，最大网段长为 100 m，采用 RJ 形式的连接器。此时用于数据通信的 5 类非屏蔽双绞线产品已淡出市场，目前有应用于语音主干布线的 5 类大对数电缆及相关配线设备。4 对 CAT5 UTP 已退出市场。

3. 超 5 类非屏蔽双绞线-CAT 5e UTP

超 5 类/D 级非屏蔽双绞线（enhanced cat 5），或称为"5 类增强型""增强型 5 类"，简称 5e 类，其最高频率带宽为 100 MHz，是目前市场上的主流产品。超 5 类非屏蔽双绞线的优点主要有以下几个。

（1）提供了坚实的网络基础，可以方便迁移到更新网络技术。

（2）能够满足大多数网络应用，并用满足偏差和低串扰总和的要求，为将来的网络应用提供了传输解决方案。

（3）充足的性能余量，给网络的安装和测试带来便利。

（4）比起普通 5 类非屏蔽双绞线，超 5 类系统在 100 MHz 的频率下运行时，可提供 8 dB 近端串扰的余量。用户的设备受到的干扰只有普通 5 类线系统的 1/4，使系统具有更强的独立性和可靠性。

（5）更好地支持 1 000 Mbps 的传输，给网络的安装和测试带来便利，成为目前网络应用中较好的解决方案。

实训 1：网线的制作

1. 千兆交叉网线的制作方法

直通网线与平时所使用的没有区别，都是一一对应的，但是传统的百兆网络只用到 4 根线缆来传输，而千兆交叉网络要用 8 根线缆来传输，所以千兆交叉网线与百兆交叉网线的制作不同。千兆交叉网线的制作如图 1-1 所示。

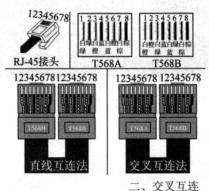

一、直线互连
网线的两端均按 T568B 接
1.电脑 ◆━━▶ ASDL 猫
2.ASDL 猫 ◆━━▶ ASDL 路由器的 WAN 口
3.电脑 ◆━━▶ ASDL 路由器的 LAN 口
4.电脑 ◆━━▶ 集成器交换机

二、交叉互连
网线的一端按 T568B 接，另一端按 T568A 接
1.电脑 ◆━━▶ 电脑，即对等网连接
2.集线器 ◆━━▶ 集线器
3.交换机 ◆━━▶ 交换机
4.路由器 ◆━━▶ 路由器

图 1-1　千兆交叉网线的制作

千兆交叉网线的制作方法如下。

1 对 3、2 对 6、3 对 1、4 对 7、5 对 8、6 对 2、7 对 4、8 对 5，举例如下。

一端为：白橙、橙，白绿、蓝，白蓝、绿，白棕、棕；

另一端：白绿、绿，白橙、蓝，白蓝，橙，白棕，棕。

T568B：橙白、橙、绿白、蓝、蓝白、绿、棕白、棕 ；

T568A：绿白、绿、橙白、蓝、蓝白、橙、棕白、棕 。

直连线：两端都做成 T568B 或 T568A，用于不同设备相连（如网卡到交换机）。

交叉线：一端做成 T568B，另一端做成 T568A，用于同种设备相连（如网卡到网卡）。

在网线制作的过程中，要用到一些制作的辅助工具和材料，其中最重要的工具就是压线钳，如图 1-2 所示。当然压线钳不仅仅是压线自用，钳上还具备着很多"好本领"。

图 1-2　压线钳

2. 千兆交叉网线的制作步骤

通常，千兆交叉网线的制作步骤如图 1-3 所示。

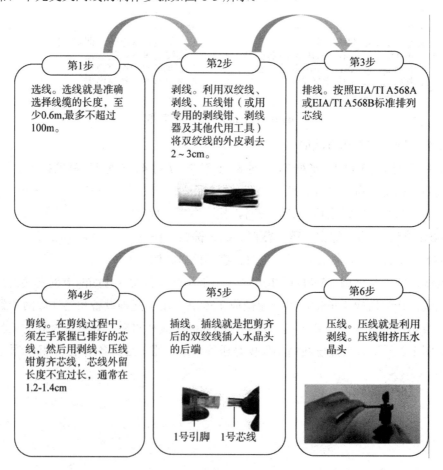

第1步

选线。选线就是准确选择线缆的长度，至少0.6m,最多不超过100m。

第2步

剥线。利用双绞线、剥线、压线钳（或用专用的剥线钳、剥线器及其他代用工具）将双绞线的外皮剥去2 ~ 3cm。

第3步

排线。按照EIA/TI A568A或EIA/TI A568B标准排列芯线

第4步

剪线。在剪线过程中，须左手紧握已排好的芯线，然后用剥线、压线钳剪齐芯线，芯线外留长度不宜过长，通常在1.2-1.4cm

第5步

插线。插线就是把剪齐后的双绞线插入水晶头的后端

1号引脚　1号芯线

第6步

压线。压线就是利用剥线。压线钳挤压水晶头

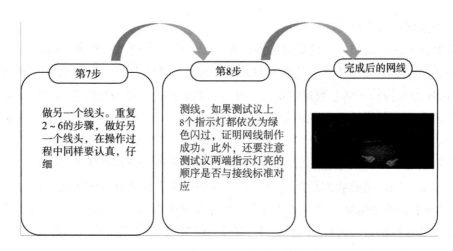

图 1-3　千兆网线网线的制作步骤

3. 千兆网线的制作注意事项

通常，在网线制作时，应注意以下几个事项。

（1）剥线时，不可太深、太用力，否则容易把网线剪断。

（2）一定要把每根网线捋直，排列整齐。

（3）双绞线颜色与 RJ-45 水晶头接线标准是否相符，应仔细检查，以免出错。

（4）在排线过程中，左手一定要紧握已排好的芯线，否则芯线会造成白线之间不能分辩，出现芯线错位的现象。

（5）把网线插入水晶头时，8 根线头每一根都要紧紧地顶到水晶头的末端，否则可能造成接触不良。

（6）双绞线外皮是否已插入水晶头后端，并被水晶头后端夹住，这直接关系所做线头的质量，否则在使用过程中会造成芯线松动。

（7）压线时一定要均匀缓慢用力，并且要用力压到底，使探针完全刺破双绞线芯线，否则会造成探针与芯线接触不良。

（8）当测试时要仔细观察测试仪两端指示灯的对应是否正确，否则表明双绞线两端排列顺序有错，不能以为灯能亮就可以。

1.2　交换机的基本认识与选购

1.2.1　交换机的基本知识

交换（switching）是按照通信两端传输信息的需要，用人工或设备自动完成的方法，把要传输的信息送到符合要求的相应路由上的技术统称。广义的交换机（switch）就是一种在通信系统中完成信息交换功能的设备。

在计算机网络系统中，交换概念的提出是对于共享工作模式的改进。HUB 集线器就是一种共享设备，HUB 本身不能识别目标地址。当同一局域网内的 A 主机给 B 主机传输数据时，在 HUB 为架构的网络上数据包是以广播方式传输的，由每一台终端通过验证数据包头的地址信息来确定是否接收。也就是说，在这种工作方式下，同一时刻网络上只能传输一组数据帧的通信，如果发生碰撞还得重试，这种方式就是共享网络带宽。

交换机拥有一条很高带宽的背部总线和内部交换矩阵。交换机所有的端口都挂接在这条背部总线上，控制电路收到数据包以后，处理端口会查找内存中的地址对照表以确定目标 MAC（网卡的硬件地址）的 NIC（网卡）挂接在哪个端口上。通过内部交换矩阵迅速将数据包传送到目标端口，若目标 MAC 不存在，就广播到所有的端口。当接收端口回应后，交换机会"学习"新的地址，并添加到内部 MAC 地址表中。

使用交换机也可以把网络"分段"，通过对照 MAC 地址表，交换机只允许必要的网络流量通过交换机。通过交换机的过滤和转发，可以有效地隔离广播风暴，减少误包和错包的出现，避免共享冲突。

交换机在同一时刻可进行多个端口对之间的数据传输。每一端口都可视为独立的网段，连接在交换机上的网络设备独自享有全部的带宽，无须同其他设备竞争使用。当节点 A 向节点 D 发送数据时，节点 B 可同时向节点 C 发送数据，而且这两个传输都享有网络的全部带宽，都有着自己的虚拟连接。假使这里使用的是 10 Mbps 的以太网交换机，那么该交换机这时的总流通量就等于 2×10 Mbps＝20 Mbps。而使用 10 Mbps 的共享式 HUB 时，一个 HUB 的总流通量也不会超出 10 Mbps。

总之，交换机是一种基于 MAC 地址识别，能完成封装转发数据包功能的网络设备。交换机可以"学习" MAC 地址，并把其存放在内部地址表中，通过在数据帧的始发者和目标接收者之间建立临时的交换路径，使数据帧直接由源地址到达目标地址。

1. 交换机的种类

交换机分为两种：广域网交换机和局域网交换机。广域网交换机主要应用于电信领域，提供通信用的基础平台；而局域网交换机则应用于局域网络，用于连接终端设备，如 PC 机及网络打印机等。

从传输介质和传输速度上可分为以太网交换机、快速以太网交换机、千兆以太网交换机、FDDI 交换机、ATM 交换机和令牌环交换机等。

从规模应用上可分为企业级交换机、部门级交换机和工作组交换机等。

各厂商划分的尺度并不是完全一致的，企业级交换机都是机架式。部门级交换机可以是机架式（插槽数较少），也可以是固定配置式。工作组级交换机为固定配置式（功能较为简单）。从应用的规模看，作为骨干交换机时，支持 500 个信息点以上大型企业应用的交换

机为企业级交换机；支持 300 个信息点以下中型企业应用的交换机为部门级交换机；支持
100 个信息点以下的交换机为工作组级交换机。本书所介绍的交换机是指局域网交换机。局
域网交换机如图 1-4 所示。

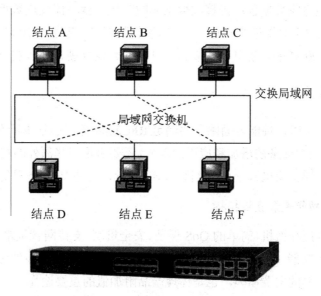

图 1-4　局域网交换机

2. 交换机的特性

通过集线器共享局域网的用户，不仅是共享带宽，而且是竞争带宽，可能由于个别用
户需要更多的带宽而导致其他用户的可用带宽相对减少，甚至被迫等待，因而也就耽误了
通信和信息处理。利用交换机的网络微分段技术（micro-segmentation），可以将一个大型的
共享式局域网的用户分成许多独立的网段，减少竞争带宽的用户数量，增加每个用户的可
用带宽，从而缓解共享网络的拥挤状况。由于交换机可以将信息迅速而直接地送到目的地，
能大大提高速度和带宽，能保护用户以前在介质方面的投资，还能提供良好的可扩展性。
因此，交换机不仅是网桥的理想替代物，也是集线器的理想替代物。

与网桥和集线器相比，交换机从以下几方面改进了性能。

（1）通过支持并行通信，提高了交换机的信息吞吐量。

（2）将传统的一个大局域网上的用户分成若干工作组，每个端口连接一台设备或连
接一个工作组，有效地解决拥挤现像，这种方法称为网络微分段技术。

（3）虚拟网（virtual net）技术的出现，给交换机的使用和管理带来了更大的灵活性。

（4）端口密度可以与集线器相媲美，一般的网络系统都有一个或几个服务器，而绝
大部分都是普通的客户机。客户机都需要访问服务器，这样就导致服务器的通信和事务处
理能力成为整个网络性能好坏的关键。

交换机主要从提高连接服务器的端口的速率，以及相应的帧缓冲区的大小来提高整个网络的性能，从而满足用户的要求。一些高档的交换机还采用全双工技术来进一步提高端口的带宽。以前的网络设备基本上都是采用半双工的工作方式，即当一台主机发送数据包的时候，就不能接收数据包；当接收数据包的时候，就不能发送数据包。由于采用全双工技术，即主机在发送数据包的同时，还可以接收数据包。普通的 10 M 端口就可以变成 20 M 端口，普通的 100 M 端口就可以变成 200 M 端口，这样就进一步提高了信息吞吐量。

1.2.2 交换机的选购

在选购交换机时，性能方面除了要满足 RFC2544 建议的基本标准，即吞吐量、时延、丢包率外，随着用户业务的增加和应用的深入，还要满足一些额外的指标，如 MAC 地址数、路由表容量（三层交换机）、ACL 数目、LSP 容量、支持 VPN 数量等。

1. 交换机功能是最直接指标

一般的接入层交换机，简单的 QoS 保证、安全机制、支持网管策略、生成树协议和 VLAN 都是必不可少的功能。经过仔细分析，某些功能可以进行进一步的细分，而这些细分功能正是导致产品差异的主要原因，也是体现产品附加值的重要途径。

2. 交换机的应用级 QoS 保证

交换机的 QoS 策略支持多级别的数据包优先级设置，可分别针对 MAC 地址、VLAN、IP 地址、端口进行优先级设置，给网吧业主在实际应用中为用户提供更大的灵活性。同时，如果交换机具有良好的拥塞控制和流量限制的能力，支持 diffserv 区分服务，能够根据源/目标 MAC/IP 智能区分不同的应用流，从而满足实时网吧网络的多媒体应用需求。

注意：目前市场上的某些交换机号称具有 QoS 保证，实际上只支持单级别的优先级设置，这为实际应用带来很多不便，所有网吧业主在选购的时候需要注意。

3. 交换机应有 VLAN 支持

VLAN 即虚拟局域网，通过将局域网划分为虚拟网络 VLAN 网段，可以强化网络管理和网络安全，控制不必要的数据广播。网络中工作组可以突破共享网络中的地理位置限制，根据管理功能来划分子网。不同厂商的交换机对 VLAN 的支持能力不同，支持 VLAN 的数量也不同。

4. 交换机应有网管功能

网吧交换机的网管功能可以使用管理软件来管理、配置交换机，比如可通过 Web 浏览器、Telnet、SNMP、RMON 等进行管理。通常，交换机厂商都提供管理软件或第三方管理软件远程管理交换机。一般的交换机满足 SNMPMIBI/MIBII 统计管理功能，并且支持配置管理、服务质量管理、告警管理等策略，而复杂一些的千兆交换机会通过增加内置 RMON 组（mini-RMON）来支持 RMON 主动监视功能。

5. 交换机应支持链路聚合

链路聚合可以让交换机之间和交换机与服务器之间的链路带宽有非常好的伸缩性，比如可以把 2 个、3 个、4 个千兆的链路绑定在一起，使链路的带宽成倍增长。链路聚合技术可以实现不同端口的负载均衡，同时也能够互为备份，保证链路的冗余性。在一些千兆以太网交换机中，最多可以支持 4 组链路聚合，每组中最多 4 个端口。

6. 交换机要支持 VRRP 协议

VRRP（虚拟路由冗余协议）是一种保证网络可靠性的解决方案。在该协议中，对共享多存取访问介质上终端 IP 设备的默认网关（default gateway）进行冗余备份，从而在其中一台三层交换机设备宕机时，备份的设备会及时接管转发工作，向用户提供透明的切换，提高了网络服务质量。VRRP 协议与 cisco 的 HSRP 协议有异曲同工之妙，只不过 HSRP 是 cisco 私有的。

（1）低端产品。1900 和 2900 是低端产品的典型。其实在低端交换机市场上，cisco 并不占特别的优势，因为 3com、Dlink 等公司的产品具有更好的性能价格比。1900 交换机适用于网络末端的桌面计算机接入，是一款典型的低端产品。其提供 12 个或 24 个 10 M 端口及 2 个 100 M 端口，其中 100 M 端口支持全双工通信，可提供高达 200 Mbps 的端口带宽。机器的背板带宽是 320 Mbps。带企业版软件的 1900 还支持 VLAN 和 ISL trunking，最多 4 个 VLAN，但一般情况下，低端的产品对这项功能的要求不多。

（2）中端产品。在中端产品中，3500 系列使用广泛，具有代表性。C3500 系列交换机的基本特性包括背板带宽高达 10 Gbps，转发速率 7.5 Mpps，它支持 250 个 VLAN，支持 IEEE 802.1Q 和 ISL trunking，支持 CGMP 网/千兆以太网交换机，可选冗余电源等。

管理特性方面，C3500 实现了 cisco 的交换集群技术，可以将 16 个 3500、C2900、C1900 系列的交换机互联，并通过一个 IP 地址进行管理。利用 C3500 内的 cisco visual switch manager（CVSM）软件还可以方便地通过浏览器对交换机进行设置和管理。

千兆特性方面，C3500 全面支持千兆接口卡（GBIC）。目前，GBIC 有三种 1000BaseSx，适用于多模光纤，最长距离 550 m；1000BaseLX/LH，多模/单模光纤都适用，最长距离 10 km；1000BaseZX 适用于单模光纤，最长距离 100 km。

（3）高端产品。对于企业数据网来说，C6000 系列替代了原有的 C5000 系列，是最常用的产品。catalyst 6000 系列交换机为园区网提供了高性能、多层交换的解决方案，专门为需要千兆扩展、可用性高、多层交换的应用环境设计，主要面向园区骨干连接等场合。

catalyst 6000 系列是由 catalyst 6000 和 catalyst 6500 两种型号的交换机构成，插槽型号分别为 6006、6009、6506 和 6509，其中以 6509 使用最为广泛。所有型号支持相同的超级引擎、相同的接口模块，保护了用户的投资。这一系列的特性主要包括以下几个方面。

①端口度大。支持多达 384 个 10/100BaseTx 自适应以太网口，192 个 100BaseFX 光纤快速以太网口，以及 130 个千兆以太网端口（GBIC 插槽）。

②速度快。C6500 的交换背板可扩展到 256 Gbps，多层交换速度可扩展到 150 Mpps。C6000 的交换背板带宽 32 Gbps，多层交换速率 30 Mpps。两者支持多达 8 个快速/千兆以太网口利用以太网通道技术（fast ether channel，FEC 或 gigabit ether channel，GEC）的连接，在逻辑上实现了 16 Gbps 的端口速率，还可以跨模块进行端口聚合实现。

③多层交换。C6000 系列的多层交换模块可以进行线速的 IP、IPX 和 IP-multicast 路由。

④容错性能好。C6000 系列带有冗余超级引擎、冗余负载均衡电源、冗余风扇、冗余系统时钟、冗余上连、冗余的交换背板（仅对 C6500 系列），实现了系统的高可用性。

⑤丰富的软件特性。C6000 软件支持丰富的协议，包括 NetFlow、VTP（VLAN trunking protocol）、VQP（VLAN query protocol）、ISL trunking、HSRP（hot standby router protocol）、port security、TACACS、CGMP（cisco group management protocol）、IGMP 等。

实训 2：选购交换机

在网络拓扑结构中，坪山体育馆比赛网络如图 1-5 所示。场馆网络分为两级结构，分别是接入层和核心层。接入层为用户接入交换机，要求用户通过百兆链路接入到网络中，与核心之间通过千兆链路进行连接，保证用户使用带宽；核心层设备与其他设备连接链路都要求为千兆链路。请为坪山体育馆选择合适的网络设备，保证网络应用的要求。

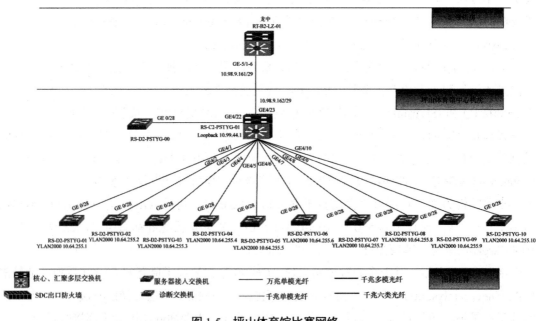

图 1-5   坪山体育馆比赛网络

在互联网上查找，选购合适的网络设备。

（1）根据网络的结构确定网络设备交换机的数量，如表 1-1 所示。

表 1-1 确定选购交换机的数量

	数量	备注
二层交换机		
三层交换机		

（2）根据场馆网络的应用要求，选购合适的交换机品牌型号，如表 1-2 所示。

表 1-2 选购网络设备交换机品牌型号

	二层交换机	三层交换机
品牌		
型号		
接口数量		
技术参数		

1.3 路由器的认识与选购

1.3.1 路由的基本知识

1. 路由的基本概念

路由是指通过相互连接的网络把信息从源地点移动到目标地点的活动。一般来说，在路由过程中，信息至少会经过一个或多个中间节点。通常人们会把路由器和交换机进行对比，因为在普通用户看来两者所实现的功能是完全一样的。其实，路由和交换之间的主要区别就是交换发生在 OSI 参考模型的第二层（数据链路层），而路由发生在第三层，即网络层。这一区别决定了路由和交换在移动信息的过程中需要使用不同的控制信息，所以两者实现各自功能的方式是不同的。

路由器（router）是互联网的主要节点设备。路由器通过路由决定数据的转发。转发策略称为路由选择（routing），这也是路由器名称的由来（router，转发者）。作为不同网络之间互相连接的枢纽，路由器系统构成了基于 TCP/IP 的国际互联网络（Internet）的主体脉络，也可以说，路由器构成了 Internet 的骨架。它的处理速度是网络通信的主要瓶颈之一，可靠性则直接影响着网络互连的质量。因此，在园区网、地区网、乃至整个 Internet 研究领域中，路由器技术始终处于核心地位，其发展历程和方向成为整个 Internet 研究的一个缩影。在当前我国网络基础建设和信息建设方兴未艾之际，探讨路由器在互连网络中的作用、地位及其发展方向，对于国内的网络技术研究、网络建设，以及明确网络市场上对于路由器和网络互连的各种似是而非的概念，都有重要的意义。

2. 路由的作用

路由器的一个作用是连通不同的网络，另一个作用是选择信息传送的线路。选择通畅快捷的近路，能大大提高通信速度；减轻网络系统通信负荷；节约网络系统资源；提高网络系统畅通率，从而让网络系统发挥出更大的效益。

1.3.2 路由的工作原理

路由的工作原理如下。

（1）工作站 A 将工作站 B 的地址 12.0.0.5 连同数据信息，以数据帧的形式发送给路由器 1。

（2）路由器 1 收到工作站 A 的数据帧后，先从数据包中取出地址 12.0.0.5，并根据路径表计算出发往工作站 B 的最佳路径：R1->R2->R5->B；并将数据包发往路由器 2。

（3）路由器 2 重复路由器 1 的工作，并将数据包转发给路由器 5。

（4）路由器 5 同样取出目标地址，发现 12.0.0.5 就在该路由器所连接的网段上，于是将该数据包直接交给工作站 B。

（5）工作站 B 收到工作站 A 的数据帧，一次通信过程宣告结束。

事实上，路由器除了上述的路由选择这一主要功能外，还具有网络流量控制功能。有的路由器仅支持单一协议，但大部分路由器可以支持多种协议的传输，即多协议路由器。由于每一种协议都有自己的规则，要在一个路由器中完成多种协议的算法，势必会降低路由器的性能。因此，支持多协议的路由器性能相对较低。用户购买路由器时，需要根据自己的实际情况，选择自己需要的网络协议的路由器。

近年来，市场上出现了交换路由器产品，从本质上来说并不是技术，而是为了提高通信能力，把交换机的原理组合到路由器中，使数据传输能力更快、更好。

1.3.3 路径表

路由器的主要工作就是为经过路由器的每个数据帧寻找一条最佳传输路径，并将该数据有效地传送到目标站点。由此可见，选择最佳路径的策略，即路由算法，是路由器的关键所在。为了完成这项工作，在路由器中保存着各种传输路径的相关数据——路径表（routing table），供路由选择时使用。路径表中保存着子网的标志信息、网上路由器的个数和下一个路由器的名字等内容。路径表可以由系统管理员固定设置好的，可以由系统动态修改，可以由路由器自动调整，也可以由主机控制。

1. 静态路径表

由系统管理员事先设置好固定的路径表称为静态（static）路径表，一般是在系统安装时根据网络的配置情况预先设定的，不会随未来网络结构的改变而改变。

2. 动态路径表

动态（dynamic）路径表是路由器根据网络系统的运行情况而自动调整的路径表。路由器根据路由选择协议（routing protocol）提供的功能，自动学习和记忆网络运行的情况，在需要时自动计算数据传输的最佳路径。

1.3.4　路由器与交换机的区别

传统交换机从网桥发展而来，属于 OSI 第二层，即数据链路层设备。根据 MAC 地址寻址，通过站表选择路由，站表的建立和维护由交换机自动进行。路由器属于 OSI 第三层，即网络层设备，根据 IP 地址进行寻址，通过路由表路由协议产生。交换机最大的好处是快速，由于交换机只须识别帧中 MAC 地址，直接根据 MAC 地址产生选择转发端口，算法简单，便于 ASIC 实现，因此转发速度极高，但交换机的工作机制也带来如下问题。

（1）回路。根据交换机地址学习和站表建立算法，交换机之间不允许存在回路。一旦存在回路，必须启动生成树算法，阻塞掉产生回路的端口。而路由器的路由协议没有这个问题，路由器之间可以有多条通路来平衡负载，提高可靠性。

（2）负载集中。交换机之间只能有一条通路，使得信息集中在一条通信链路上，不能进行动态分配，以平衡负载。而路由器的路由协议算法可以避免这一点，OSPF 路由协议算法不但能产生多条路由，而且能为不同的网络应用选择各自不同的最佳路由。

（3）广播控制。交换机只能缩小冲突域，而不能缩小广播域。整个交换式网络就是一个大的广播域，广播报文散到整个交换式网络。而路由器可以隔离广播域，广播报文不能通过路由器继续进行广播。

（4）子网划分。交换机只能识别 MAC 地址。MAC 地址是物理地址，而且采用平坦的地址结构，因此不能根据 MAC 地址来划分子网。而路由器识别 IP 地址，IP 地址由网络管理员分配，是逻辑地址且 IP 地址具有层次结构，被划分成网络号和主机号，可以非常方便地用于划分子网，路由器的主要功能就是用于连接不同的网络。

（5）保密问题。虽说交换机也可以根据帧的源 MAC 地址、目标 MAC 地址和其他帧中内容对帧实施过滤，但路由器根据报文的源 IP 地址、目标 IP 地址、TCP 端口地址等内容对报文实施过滤，更加直观方便。

（6）介质相关。交换机作为桥接设备也能完成不同链路层和物理层之间的转换，但这种转换过程比较复杂，不适合 ASIC 实现，势必降低交换机的转发速度。因此，目前交换机主要完成相同或相似物理介质和链路协议的网络互连，而不会在物理介质和链路层协议相差甚远的网络之间进行互连。而路由器则不同，主要用于不同网络之间互连，因此能连接不同物理介质、链路层协议和网络层协议的网络。路由器在功能上虽然占据优势，但价格昂贵，报文转发速度低。

实训3：选购合适的网络设备

在网络拓扑结构中，大运会的核心网络连接如图1-6所示。大运会网络的核心网络包括区域边界路由器和核心区域路由器。现在根据网络连接情况，选购合适的网络设备路由器。

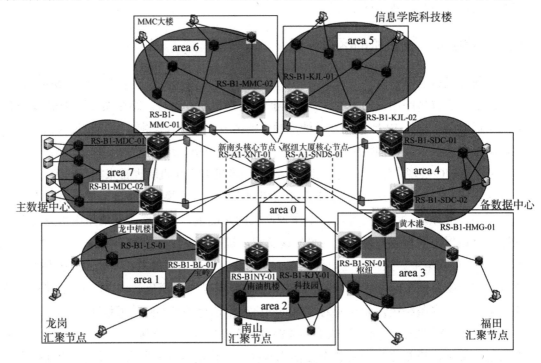

图1-6　大运会的核心网络连接

在互联网上查找，选购合适的网络设备。

（1）根据网络的结构确定网络设备路由器的数量，如表1-3所示。

表1-3　确定网络设备路由器的数量

	数量	备注
区域边界路由器		
核心区域路由器		

（2）根据场馆网络的应用要求，选购路由器的品牌型号，如表1-4所示。

表 1-4　选购路由器的品牌型号

	区域边界路由器	核心区域路由器
品　牌		
型　号		
接口数量		
技术参数		

实训 4：选购合适的路由器

某学校现在要建设如图 1-7 所示的网络，请根据网络拓扑结构进行规划设计，选购合适的路由器。

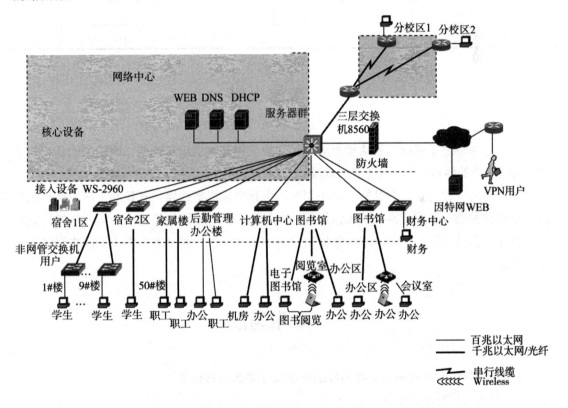

图 1-7　某学校的网络拓扑结构

（1）根据网络的结构确定路由器的数量，如表 1-5 所示。

表 1-5　选购路由器的数量

	数量	备注
二层交换机		
三层交换机		
路由器		

（2）选购路由器的品牌型号，如表 1-6 所示。

表 1-6　选购路由器的品牌型号

	二层交换机	三层交换机	路由器
品　牌			
型　号			
接口数量			
技术参数			

本章小结

　　本章主要讲述了双绞线的认知与制作、交换机的基本认识与选购、路由器的认识与选购。通过本章的学习，读者应能掌握双绞线的制作方法；认识和了解集线器的定义、分类；掌握集线器的工作特点，并且能在中小型网络组建中应用集线器；认识和了解交换机的定义、特性和种类；掌握交换机的工作原理，并且能在中小型网络组建中应用交换机；认识和了解路由器的作用、主要功能；掌握路由器的工作原理，并且能在中小型网络组建中应用路由器。

本章习题

1．网线制作中，水晶头连接网线的标准线序是怎么样的？
2．简述网线制作的步骤。
3．简述网线制作的注意事项。
4．与网桥和集线器相比，交换机有哪些地方改进了性能？
5．简述路由器的工作原理。
6．比较路由器与交换机的区别有哪些？

第 2 章 规划 IP 地址

【本章导读】

有效规划网络的 IP 地址是网络通信的基础，也是网络管理的重要内容。在图 1-7 某学校的网络拓扑图中，目的是为学生宿舍楼制定 IP 地址分配方案，学生宿舍分布在 2 个区域，共包括 9 栋楼。每栋宿舍楼有 8 层，每层 30 个房间，房间内需 6 个水晶头接口，作为管理员需要制定宿舍楼 IP 地址的分配方案。

【本章目标】

➢ 能在不同系统中正确设置 IP 地址。
➢ 能准确判断 IP 地址的类型及应用。
➢ 能正确设置子网掩码。
➢ 能准确划分子网并应用。

2.1 网络 IP 地址需求数量的确定

确定一个网络所需要的 IP 地址数量，需要了解哪些设备需要分配 IP 地址、IP 地址分类及每个分类的地址空间。

2.1.1 IP 地址基本知识

IPv4 的地址管理主要用于给一个物理设备分配一个逻辑地址。一个以太网上的两个设备之所以能够交换信息就是因为在网络内，每个设备都有一块网卡，并拥有唯一的以太网地址。如果设备 A 向设备 B 传送信息，设备 A 需要知道设备 B 的以太网地址。IP 协议使用的这个过程叫作地址解析协议。不论是哪种情况，地址应为硬件地址，并且在本地物理网络上。

1. 地址的分类

IPv4 目前面临着一个地址管理困境。在 20 世纪 70 年代初期，依据当时的环境，根据对网络的理解建立了逻辑地址分配策略，并认为 32 位的地址已足够使用。从当时的情况来看，32 位的地址空间确实足够大，能够提供 4 294 967 296 个独立的地址。针对网络的大小不同，为有效地管理地址，以分组方式来分配。有的分组较大，有的分组中等，有的分组较小，这种管理上的分组也叫作地址类。

名字、地址和路由概念如下。

➤ 名字：说明要找的东西。

➤ 地址：说明它在哪里。

➤ 路由：说明如何到达那里。

IPv4 地址是由固定长度的 4 个 8 位字节组成（32 位）。地址的开始部分是网络号，随后是本地地址（也叫主机号），包含以下三种类别。

A 类地址，最高位是 0，随后的 7 位是网络地址，最后 24 位是本地地址；A 类地址的网络号是 1~126，本地地址数是 $2^{24}-2$。

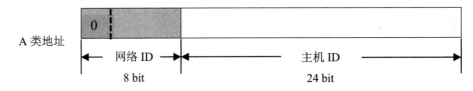

B 类地址，最高两位分别是 1 和 0，随后的 14 位是网络地址，最后 16 位是本地地址；B 类地址的网络号有 $2^{14}-2$（16384）个，本地地址数量为 $2^{16}-2=65\,534$。

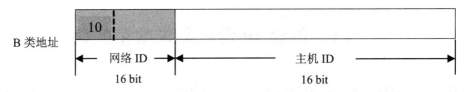

C 类地址，最高三位非标是 1、1 和 0，随后的 21 位是网络地址，最后 8 位是本地地址；C 类地址的网络号有 $2^{24}-2$（2 097 152）个，本地地址数量为 $2^8-2=254$。

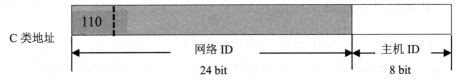

IPv4 使用点分十进制数来描述地址。例如，用二进制描述的 32 位地址如下。

01111110100010000000000100101111

为了容易阅读，将 32 位地址进行分组（8 位为一组），即

01111110 10001000 00000001 00101111

最后，将每个 8 位数据转换成十进制，并用小数点隔开。比如上面的 IP 地址是126.136.1.47

与记忆二进制位串（如 01111110　10001000　00000001　00101111）相比，记忆 IP 地址 126.136.1.47 更加容易。

三类地址特点如表 2-1 所示。

表 2-1　三类地址特点

类别	网络位数	主机位数	网络数量	主机数量
A 类	8	24	127	16 777 214
B 类	16	16	16 384	65 534
C 类	24	8	2 097 152	254

一个物理主机可以使用多个不同的 Internet 地址，就好像存在多个不同主机。多个主机可以有多个物理接口（多穴），而一个主机可以有多个与网络相连的物理接口，每个物理接口又可以有几个逻辑上的地址。

2. IP 地址的构成

Internet 上的每台主机（host）都有一个唯一的 IP 地址。IP 协议就是使用这个地址在主机之间传递信息，这是 Internet 能够运行的基础。IP 地址的长度为 32 位，分为 4 段，每段 8 位，用十进制数字表示，每段数字范围为 0～255，段与段之间用句点隔开。例如 159.226.1.1。IP 地址可以视为网络标识号码与主机标识号码两部分，因此 IP 地址可分两部分组成，一部分为网络地址，另一部分为主机地址。

将 IP 地址分成了网络号和主机号两部分，设计者就必须决定每部分包含多少位。网络号的位数直接决定了可以分配的网络数；主机号的位数则决定了网络中最大的主机数。然而，由于整个互联网所包含的网络规模可能比较大，也可能比较小。设计者最后选择了一种灵活的方案：将 IP 地址空间划分成不同的类别，每一类具有不同的网络号位数和主机号位数。

3. IP 地址的主要特点

通常，IP 地址的主要特点有以下几个。

（1）P 是当前热门的技术。与此相关联的一批新名词，如 IP 网络、IP 交换、IP 电话、IP 传真等，也相继出现。

（2）各个厂家生产的网络系统和设备，如以太网、分组交换网等，它们相互之间不能互通。不能互通的主要原因是因为它们所传送数据的基本单元（技术上称之为"帧"）的格式不同。IP 协议实际上是一套由软件程序组成的协议软件，把各种不同"帧"统一转换成"IP 数据报"格式，这种转换是因特网的一个最重要的特点，使所有各种计算机都能在因特网上实现互通，即具有"开放性"的特点。

（3）数据报是分组交换的一种形式，就是把所传送的数据分段打成"包"，再传送出去。但与传统的"连接型"分组交换不同，属于"无连接型"，是把打成的每个"包"（分组）都作为一个"独立的报文"传送出去，因此叫作"数据报"。这样在开始通信之前就不需要先连接好一条电路，各个数据报不一定都通过同一条路径传输，所以叫作"无连接型"。这一特点非常重要，大大提高了网络的坚固性和安全性。

（4）每个数据报都有报头和报文两个部分，报头中有目标地址等必要内容，使每个数据报不经过同样的路径都能准确地到达目的地。在目的地重新组合还原成原来发送的数据，这就要 IP 具有分组打包和集合组装的功能。

（5）在实际传送过程中，数据报还要能根据所经过网络规定的分组大小来改变数据报的长度，IP 数据报的最大长度可达 65 535 个字节。

（6）IP 协议中还有一个非常重要的内容，就是给因特网上的每台计算机和其他设备都规定了一个唯一的地址，叫作 IP 地址。由于有这种唯一的地址，才保证用户在连网的计算机上操作，能够高效而且方便地从千千万万台计算机中选出自己所需的对象来。

（7）电信网正在与 IP 网走向融合，以 IP 为基础的新技术是热门的技术，如用 IP 网络传送话音的技术（VOIP）就很热门，其他如 IP over ATM、IP over SDH、IP over WDM 等，都是 IP 技术的研究重点。

4. IP 地址的分配

TCP/IP 协议需要针对不同的网络进行不同的设置，且每个节点一般需要一个"IP 地址"、一个"子网掩码"、一个"默认网关"。不过，可以通过动态主机配置协议（DHCP），给客户端自动分配一个 IP 地址，这样避免出错，也简化了 TCP/IP 协议的设置。

互联网上的 IP 地址统一由互联网赋名和编号公司（Internet corporation for assigned names and numbers，ICANN）的组织来管理。

5. IP 地址的直观表示法

IP 地址由 32 位二进制数值组成，但为了方便用户的理解和记忆，采用了点分十进制标记法，即将 4 字节的二进制数值转换成 4 个十进制数值，每个数值小于等于 255，数值中间用 "." 隔开，表示成 w.x.y.z 的形式。

例如二进制 IP 地址：

字节 1　　　字节 2　　　　　字节 3　　　字节 4

11001010　　01011101　　01111000　　00101100

用点分十进制表示法表示成：202.93.120.44

2.1.2　子网划分

随着局域网（LAN）和个人计算机的出现，计算机网络的结构也发生了很大变化。过去使用大型计算机在低速、广域网上进行通信，而现在则使用小型计算机在快速、局域网上进行通信。

为了说明子网划分的必要性，首先要看如何使用 IP 来发送数据报。为了便于理解，先了解一下邮局发送邮件的过程。如果想将信息发送到本地家庭中的一个成员，可先将内容写在纸上，然后直接给他或她。IP 网络也是这样做的，如果要把 IP 数据报送给在同一个物理网络上的计算机，那么这两个设备应能够直接通信，如图 2-2 所示。

在图 2-1 中，设备 200.1.1.98 想同 200.1.1.3 进行通信。由于都在同一个以太网上，则可直接进行信息交流，同时，其在同一个 IP 网络中，因此通信时不需要任何其他设备的帮助。

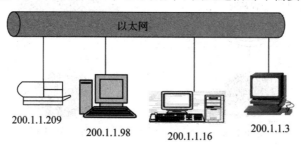

图 2-1　以太网

例如，与此过程相类似的邮局。某家庭中的孩子搬出了自己所住的房间，进入大学。为了与孩子进行通信，则需要其他人的帮助。首先写一封信，写好后放入信封；然后再把信邮出；最后邮局能确保信件准确到达接收地址。计算设备也是按此原则进行工作的。为了与不在相同物理网中的设备进行通信，计算设备也需要其他设备的帮助，下面是具体的操作过程。

在如图 2-2 所示中，小明想给小华发送信息。尽管都能连到同一个 IP 网络 153.88.0.0 上，但不在同一个物理网中。事实上，小明的计算机位于上海，连接到令牌环网上。小华的计算机位于北京，连接到以太网上。此时要对这两个网络进行连接。

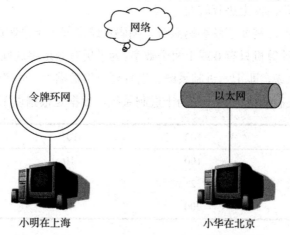

图 2-2　两个网络的连接

像邮局负责任地将这封信传送给在上大学的孩子一样，路由器将帮助小明通过从上海到北京的广域网将信息传送给小华，如图 2-3 所示。在 IP 实现上，先将信息从小明传送给路由器，路由器再将信息送到其他路由器，直到信息最后到达小华所在网上的路由器。此时，小华网上的路由器将会把信息送给小华的计算机上。

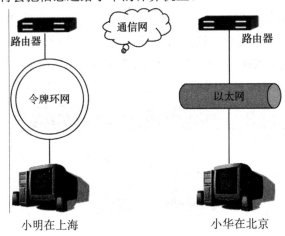

图 2-3　从上海到北京的广域网

路由器能够将一个物理网络上的 IP 信息送到其他物理网络上。IP 协议怎么能够知道小华的机器与小明的机器不在同一个物理网络上的呢？

IP 协议是通过使用逻辑地址分配策略来确定小华的机器与小明的机器不在同一个物理网络上的。在这个例子中，地址管理员必须帮助网络管理员将 153.88.0.0 网络分成更小的组成部分，并给每个物理网络分配一块地址。分配给每个物理网络的一块地址通常也叫作一个子网。

如图 2-4 所示中，小明的计算机在 153.88.240.0 子网中；小华的计算机在 153.88.3.0 子网中。当小明要给小华发送一个信息时，IP 协议能够确定小华是在另一个不同的子网中。这样信息将被发送到路由器上进行转发。

在学习子网划分前，需要了解编码系统。编码系统是基于十进制的，共有 10 个数字。工作在二进制系统的计算机只有 0 或 1 两个数字。为了更有效地将这些数据位组合在一起，开发了 16 个数字的系统，即十六进制系统。当看到一组数据"1 245"时，也许会读出"一千两百四十五"。但还有其他含义，作为十进制系统，数据是根据以下信息形成的。

基数	10^3	10^2	10^1	10^0
十进制数	1 000	100	10	1
	1	2	4	5
1 245	1 000	200	40	5

由此，数字 1 245 的实际组成如下。

$$
\begin{array}{rl}
0 \quad 0 \quad 0 & （1 千）\\
2 \quad 0 \quad 0 & （2 百）\\
4 \quad 0 & （4 十）\\
5 & （5 个）\\
\hline
2 \quad 4 \quad 5 &
\end{array}
$$

二进制的编码方式与此类似，但基数为 2，经常要将二进制转换成十进制。如表 2-2 所示为二进制编码系统的详细分解，以及每个值对应的十进制数。假设二进制数为 11001011，使用表 2-2 转换成十进制。

表 2-2 二进制编码系统的详细分解以及每个值对应的十进制数

基数	2^7	2^6	2^5	2^4	2^3	2^2	2^1	2^0
十进制数	128	64	32	16	8	4	2	1
	1	1	0	0	1	0	1	1
11001011	128	64	0	0	8	0	2	1

二进制 11001011 转换成十进制的过程（按位权加计算）如下。

$1 \times 2^7 + 1 \times 2^6 + 0 \times 2^5 + 0 \times 2^4 + 1 \times 2^3 + 0 \times 2^2 + 1 \times 2^1 + 1 \times 2^0 = 203$

2.1.3 基本的固定长度掩码

1. 掩码的作用

通常，掩码用于说明子网域在一个 IP 地址中的位置。在 153.88.0.0 的 B 类网络地址中前 16 位地址是网络号，小明的机器在 153.88.240.0 子网中。

如果小明的 IP 地址是 153.88.240.22，则小明既在 153.88.0.0 网络中，也在这个网络中的 240 子网中。在子网中的主机地址为 22。在 153.88.0.0 网络中的所有设备中，如果第三个 8 位位组为 240，则可认为既在相同的物理网络上，也在相同的子网 240 中。

子网掩码主要用于说明如何进行子网的划分。掩码是由 32 位组成的，很像 IP 地址。对于这三类 IP 地址来说，有一些自然的或缺省的固定掩码。

A 类地址自然的或缺省的掩码是 255.0.0.0。在这种情况下，掩码说明前 8 位代表网络号。A 类地址的子网划分也要考虑这 8 位。如果给一个设备分配一个 A 类地址，掩码为 255.0.0.0，则表明这个网络没有子网。如果给一个设备分配一个 A 类地址，并且掩码不是 255.0.0.0，则此网络已被划分子网。假设设备存在于 A 类网络中的一个子网中，示例如下。

没有子网划分：88.0.0.0　255.0.0.0

有子网划分：125.0.0.0　255.255.255.0

由于掩码的值不是缺省的，因此知道网络已被划分成几个子网。掩码是用来说明 IP 地址中子网域的位置。子网掩码中经常会包含着一个重要的值 255，说明长度为 8 位的部分掩码内容全部为 1。

例如，对掩码 255.0.0.0 的二进制表示为

11111111　00000000　00000000　00000000。

对掩码 255.255.0.0 的二进制表示为

1111111　11111111　00000000　00000000。

2. 掩码的组成

掩码是一个 32 位二进制数字，用点分十进制来描述。在缺省情况下，掩码包含两个域：网络域和主机域。这些内容分别对应网络号和本地可管理的网络地址部分。在要划分子网时，要重新调整对 IP 地址的认识。如果工作在 B 类网络中，并使用标准的掩码，则此时没有子网划分。例如，在下面的地址和掩码中，网络地址由前两个 255 来说明，而主机域是由后面的 0.0 来说明，示例如下。

153.88.4.240　255.255.0.0

此时网络号是 153.88，主机号是 4.240，所以前 16 位代表着网络号，而后面剩余的 16 位代表着主机号。

如果将网络划分成几个子网，则网络的层次将增加。从网络到主机的结构转换成了从网络到子网再到主机的结构。如果使用子网掩码为 255.255.255.0 对网络 153.88.0.0 进行子网划分，则需要增加辅助的信息块。如前面的例子中，153.88 是网络号，当使用掩码 255.255.255.0 时，则说明子网号被定位在第三个 8 位位组。子网号是 4，主机号是 240。

通过使用掩码可将本地可管理的网络地址部分划分成多个子网。掩码用来说明子网域的位置，给子网域分配一些特定的位数后，剩下的位数就是新的主机域了。

在下面的示例中，使用了一个 B 类地址，有 16 位主机域。此时将主机域分成一个 8 位子网域和一个 8 位主机域，则 B 类地址的掩码是 255.255.255.0。示例如下。

网络	网络	子网	主机
255	255	255	0
11111111	11111111	11111111	00000000

3. 掩码值的二进制表示

首先要确定网络中需要有多少个子网。这就需要充分研究此网络的结构和设计。一旦知道需要几个子网，就能够决定使用多少位子网位。一定要保证子网域足够大，以满足未来子网数量的需求。

子网域是这 16 位中的一部分。先确定存储十进制数 73 需要多少位。一旦能够知道存放十进制数 73 所需位数，就能够确定使用哪些掩码。

首先将十进制数 73 转换成二进制数。这个二进制数的位数为十进制数。

73=二进制数　　1 0　0 1 0　0 1

此时需要保留本地管理的子网掩码部分中的前 7 位作为子网域,剩余部分将为主机域。

在下面的示例中，为子网域保留前 7 位，每一位用 1 来表示。剩余的位数为主机域，由 0 表示。

1 1　1 1 1 1　1 0

0 0　0 0 0 0　0 0

将上面子网的二进制信息转换成十进制，然后作为掩码的一部分加入到整个掩码中。此时，就能够得到一个完整的子网掩码。示例如下。

1 1 1　1 1 1　1 0 = 254　十进制

0 0 0　0 0 0　0 0 = 0　　　十进制

完整的掩码内容是 255.255.254.0

B 类地址的缺省掩码是 255.255.0.0。现在已经将本地的可管理掩码部分 0.0 转换成 254.0。这个过程描述了子网划分的策略。软件通过 254.0 这部分就会知道本地可管理地址部分的前 7 位是子网域，剩余部分是主机域。当然，如果子网掩码的个数发生变化，对子网域的解释也将变化。

4. 掩码值的十进制表示

表 2-3、2-4 和 2-5 给出了常用的 A 类、B 类、C 类网络的子网掩码。

表 2-3　A 类子网掩码表

子网数量	主机数量	掩码	子网位数	主机位数
2	4 194 302	255.192.0.0	2	22
6	2 097 150	55.224.0.0	3	21
14	1 048 574	255.240.0.0	4	20
30	524 286	255.248.0.0	5	19
62	262 142	255.252.0.0	6	18
126	131 070	255.254.0.0	7	17
254	65 534	255.255.0.0	8	16
510	32 766	255.255.128.0	9	15
1 022	16 382	255.255.192.0	10	14
2 046	8 190	255.255.224.0	11	13
4 094	4 094	255.255.240.0	12	13
8 190	2 046	255.255.248.0	13	11
16 382	1 022	255.255.252.0	14	10
32 766	510	255.255.254.0	15	9

（续表）

子网数量	主机数量	掩码	子网位数	主机位数
65 534	254	255.255.255.0	16	8
131 070	126	255.255.255.128	17	7
262 142	62	255.255.255.292	18	6
524 286	30	255.255.255.224	19	5
1 048 574	14	255.255.255.240	20	4
2 097 150	6	255.255.255.248	21	3

表 2-4　B 类子网表

子网数量	主机数量	掩码	子网位数	主机位数
2	16 382	255.255.192.0	2	14
6	8 190	255.255.224.0	3	13
14	4 094	255.255.240.0	4	12
30	2 046	255.255.248.0	5	11
62	1022	255.255.252.0	6	10
126	510	255.255.254.0	7	9
254	254	255.255.255.0	8	8
510	126	255.255.255.128	9	7
1 022	62	255.255.255.192	10	6
2 046	30	255.255.255.224	11	5
4 094	14	255.255.255.240	12	4
8 190	6	255.255.255.248	13	3
16 382	2	255.255.255.252	14	2

表 2-5　C 类子网掩码表

子网数量	主机数量	掩码	子网位数	主机位数
2	62	255.255.255.192	2	6
30	3	255.255.255.224	5	14
14	4	255.255.255.240	4	30
6	5	255.255.255.248	3	62
2	6	255.255.255.252	2	126

这些子网掩码表将会在特定环境下很容易地确定子网掩码。从上往下看子网掩码表，子网的数量在逐渐增加，而子网中的主机数量却逐渐减少。在每张表的右侧部分，随着表

示子网的位数增加，表示主机的位数则相应减少。由于在每一类网络地址中，这部分的位数相对固定，且每一位只有一种用途——由掩码说明。每一位不是子网位，就是主机位。如果表示子网的位数增加，则表示主机的位数将会相应地减少。

注意：根据类别的不同，表的大小也不一样。因为对应 A 类、B 类、C 类网络，其主机域分别是 24 位、16 位和 8 位，所以这里有三个大小不同的表格。

5. 为各种网络建立掩码

使用这些表格能够很容易地分配网络、分配掩码。

例如，管理员小张要管理一个 A 类地址网络。他想将网络划分出 1 045 个子网。在最大的子网中有 295 个设备。他查看了一下 A 类子网表中的子网数量和设备数量，并发现下面五条内容能够解决他的问题，他将使用哪一个呢？

2 046	8 190	255.255.224.0	11	13
4 094	4 094	255.255.240.0	12	12
8 190	2 046	255.255.248.0	13	11
16 382	1 022	255.255.252.0	14	10
32 766	510	255.255.254.0	15	9

此时，小张必须要选择一个掩码。在做出决定前，不仅要参考可能的解决方案，还要考虑另外一个因素，网络的扩充。例如，公司在将来会增加更多的子网，每个子网是否会变大，或两者都有可能增长。

如果仅增加了子网的数量，而没有增加在每个子网中设备的数量，小张将选择 255.255.254.0 作为掩码，这是一个非常合适的决定。如果每个子网中的设备数量也要增加，他将选择 255.255.252.0 作为掩码。根据所使用的物理协议，在每个子网中设备的数量都达到 100 台时，这将会严重地影响网络的使用。要想成功地划分子网，则必须要对每个子网中设备数量有一个切合实际的估算。

例如，小华负责一个小公司的网络，有 2 个以太网段和 3 个令牌环网段，想通过一个路由器连接在一起。每个子网中所包含的设备数量不会超过 15 台。小华申请到了一个 C 类网络地址，通过查阅了 C 类子网表，发现下面的内容能够满足这个方案。

6　30　255.255.255.224　3　5

对于有 5 个子网，且每个子网最多有 15 个设备的结构，上面的条目是唯一的选择，即掩码为 255.255.255.224。

如果已经知道子网的数量及每个子网中的主机数量，则可使用这些表格来查找正确的掩码。注意：要知道子网数量或每个子网中的主机数量在未来是否会有增加。在充分考虑这些因素后，查询这些表格，确定使用的掩码。

6. 地址和掩码的关系

一个 IP 地址可用于识别网络上的设备。IP 地址按类别进行分类，这些类别中包含有不同的地址组。每个 IP 网络都有一个网络号，每个子网都应有它的父网络号及子网号，子网号是由子网掩码中的子网域来确定的。

如果有一个 IP 地址为 153.88.4.240，掩码是 255.255.255.0，此时就可以知道这个地址是在 153.88.0.0 网络中。由于掩码的第三个 8 位位组表明地址中第三个 8 位位组的 8 位全部都组成子网号，因此就可以知道子网号为 4。所以，IP 地址的前两个 8 位组为 153.88 的所有设备是在同一个网络上；第 3 个 8 位位组为 4 的所有设备应属于同一个子网。

在 B 类网络中，前 16 位为网络号。如果设备网络地址的前 16 位相同，则在同一个网络中，拥有相同的 B 类地址。当想将一个数据报从源地址发送到目标地址时，IP 协议要进行路由判断，示例如下。

		网络	网络	子网	主机
源地址	153.88.4.240	10011001	01011000	00000100	11110000
目标地址	153.89.98.254	10011001	01011001	01100010	11111110

在不同的网络中，尽管都是 B 类地址，但是前 16 位并不相同。从 IP 协议的观点来看，应该在不同的物理网络上，发送的数据报应先到达路由器，然后路由器再将这个数据报转发给目标设备。如果两个地址的网络号相同，则 IP 协议仅关心子网的划分情况。

子网掩码有助于确定子网号，示例如下。

		网络	网络	子网	主机
源地址	153.88.4.240	10011001	01011000	00000100	11110000
目标地址	153.88.192.254	10011001	01011000	11000000	11111110
掩码	255.255.255.0	11111111	11111111	11111111	00000000

在以上示例中，可以看到目标地址已经修改，同时还加入了一个子网掩码来进行子网划分。注意这个掩码 255.255.255.0，由于这里使用的是 B 类地址，因此掩码中前两个 255 指向地址的网络部分，第三个 255 用于定位子网域，是本地可管理地址的一部分。

掩码中的 1 指向子网位，即每个地址中第 3 个 8 位位组中的每一位。源地址的二进制子网域中的内容是 00000100；目标地址的二进制子网域中的内容是 11000000。因为这两个二进制数字不同，所以这两个设备不在同一个子网中。此时，源设备首先要将数据报发送给路由器，路由器再将数据报发送给在目标网络中的目标设备。

子网划分，即子网掩码为 255.255.255.0，使用这个掩码并读入点分十进制地址就能够解释地址中的内容。例如，地址 165.22.129.66 包含的网络地址是 165.22.0.0，子网号是 129，主机号是 66，这样点分十进制地址中的每一部分就很容易理解。

在下面示例中，将使用一个 B 类网络 160.149.0.0，管理员选择的子网掩码是

255.255.252.0，共划分 62 个子网，每个子网有 1 022 个设备。

试图确定两个设备的子网标识时，发生如下情况。

		网络	网络	子网	主机
源地址	160.149.115.8	10100000	10010101	01110011	00001000
目标地址	160.149.117.201	10100000	10010101	01110101	11001001
掩码	255.255.252.0	11111111	11111111	11111100	00000000

在以上示例中，两个地址的网络部分是一样的，说明是在同一个网络中。掩码的子网部分包含 6 位，这样地址中第三个 8 位位组的前 6 位应该是子网号。两个地址的第三个 8 位位组的前 6 位分别是 011100—115 和 011101—117。此时，可以看出这些设备不在同一个子网中。源机器发送出去的数据报不得不先送到路由器上，然后再通过路由器送到目标设备上。

两个设备在不同的子网上的原因有：一是由于在同一个网络中，因此这两个地址会成为同一个子网的后选对象；二是子网的掩码部分将说明每个地址第 3 个 8 位位组的前 6 位包含着子网号；三是比较两个地址的子网部分，位模式并不匹配，这说明在不同的子网中，示例如下。

		网络	网络	子网	主机
源地址	160.149.115.8	10100000	10010101	01110011	00001000
目标地址	160.149.114.66	10100000	10010101	01110010	01000010
掩码	255.255.252.0	11111111	11111111	11111100	00000000

在以上示例中，地址 160.149.115.8 和地址 160.149.114.66 是在同一个网络和同一个子网中。第 3 个 8 位位组将掩码中内容为 1 的位置对应到源地址和目标地址上，此时会发现相应位置的内容全部相同，这也就说明是在相同的子网中。尽管一个地址中第 3 个 8 位位组的值为 114，而另外一个地址中相应位置的值为 115，但是由于两个地址中有意义的子网位相同，因此还是在同一个子网中。

7. 保留和限制使用的地址

当给网络或子网上的设备分配地址时，有一些地址是不能使用的。在网络或子网中，保留两个地址是唯一用来识别两个特殊功能的。第一个保留地址是网络或子网地址，网络地址包括网络号以及全部填充二进制 0 的主机域。200.1.1.0、153.88.0.0 和 10.0.0.0 都是网络地址，这些地址用于识别网络，不能分配给一个设备。另一个保留地址是广播地址。当使用这个地址时，网上的所有设备都会收到广播信息。网络广播地址是由网络号及随后全二进制 1 的主机域组成的。

下面的示例是一些网络广播地址：200.1.1.255、135.88.255.255、10.255.255.255。由于这个地址是针对所有设备的，因此不能用在单个设备上。

每一个子网都有一个子网地址及广播地址。像网络地址和广播地址一样，这些地址也不能分配给网络设备，包括全零的主机域、全址和子网广播，示例如下。

		网络	网络	子网	主机
子网地址	153.88.4.0	10011001	01011000	00000100	00000000
广播地址	153.88.4.255	10011001	01011000	00000100	11111111
掩码	255.255.255.0	11111111	11111111	11111111	00000000

在以上示例中，有主机域为全零的子网地址；也有主机域为全 1 的广播地址。如果不管子网域或主机域的大小，则主机域为全零的位结构代表着子网地址；主机域为全 1 的位结构代表着子网广播地址。

8. 确定在子网中地址的范围

一旦确定使用何种掩码，在能够理解特殊的子网地址和子网广播地址的情况下，就可以给特定的设备分配地址了。为了实现这个目的，需要"计算"每个子网中使用哪些地址。每个子网应包含着一系列地址，哪些具有相同的网络号和子网号，哪些只是主机号不同。下面的示例是在 C 类网的一个子网中的一系列的地址。

网络地址	200.1.1.0		
子网掩码	255.255.255.248		
子网 1 的地址			
掩码	11111000		
	00001000	200.1.1.8	子网地址
	00001001	200.1.1.9	主机 1
	00001010	200.1.1.10	主机 2
	00001011	200.1.1.11	主机 3
	00001100	200.1.1.12	主机 4
	00001101	200.1.1.13	主机 5
	00001110	200.1.1.14	主机 6
	00001111	200.1.1.15	广播地址

在以上示例中，使用了 C 类网络 200.1.1.0，子网掩码为 255.255.255.248。在 C 类地址中，子网划分仅发生在第 4 个 8 位位组中。当使用这个掩码时，每个子网包含 6 个设备。当给子网号 1 分配一个地址时，注意到每个地址的子网域都是 00001。这个子网域是由掩码第 4 个 8 位位组中的 11111 部分来定义的。第 4 个 8 位位组的前 5 位就是子网域，剩余的 3 位用来说明主机域。

这个地址的主机域是从子网地址 000 开始的，到子网广播地址 111 结束，能够分配给主机的地址将从 001 开始到 110 结束，等价的十进制值为从 1 到 6。现在简单地将子网号 00001 和从 000 到 111 的主机地址相连，然后将二进制转换成十进制，可以看到开始的地址为 200.1.1.8（00001000），而结束的地址为 200.1.1.15（00001111）。因为 200.1.1.是网络号，所以这部分地址是不能改变的。

9. 通过一个地址和掩码来确定子网地址

如果此时有一个 IP 地址和子网掩码，就能够确定设备所在的子网，具体操作步骤如下。

（1）将本地可管理的地址部分转换成二进制。

（2）将本地可管理的掩码部分转换成二进制。

（3）确定二进制地址的主机域，并全部用 0 取代。

（4）将二进制地址转换成点分十进制，此时就能得到子网地址。

（5）确定二进制地址的主机域，并全部用 1 取代。

（6）将二进制地址转换成点分十进制数，此时就能得到子网的广播地址。

在子网地址和广播地址中间的每一个地址都可以分配给设备。下面的示例将说明如何使用这个过程。假设设备的地址是 204.238.7.45，而子网掩码是 255.255.255.224。由于这是一个 C 类地址，因此子网划分应在第 4 个 8 位位组中，示例如下。

地址	200.1.1.45	00101101	
掩码	255.255.255.224	11100000	
主机位变	0	00100000	32 子网地址
主机位变	1	00111111	53 子网广播地址

主机域在地址的最后 5 位。用 0 取代主机域中的内容，并将二进制转换成十进制，则能够得到子网地址；用 1 取代主机域中的内容，将会得到子网广播地址。使用掩码 255.255.255.224 划分子网后的地址 200.1.1.45，是在子网 200.1.1.32 中的。能够在此子网中分配的地址从 200.1.1.33 开始，到 200.1.1.62 结束。

10. 子网掩码解释

每个掩码都是由二进制值组成的，并可用点分十进制数来表示。为了使用这些值，左边的内容必须为 255，子网的掩码位还必须是连续的。例如，子网掩码 255.255.0.224 是不正确的。

通常，使用掩码的位数与地址的类别相关。例如，如果在 B 类地址中使用一个掩码 255.255.254.0，则其中有 7 位为子网掩码，这样看起来好像使用了 23 位。对 B 类地址来说，掩码是一个 7 位掩码。在 23 位中仅有 7 位用于子网划分，剩余的 16 位与 B 类地址相关。

实训 1：IP 地址数量估算

IP 地址数量估算的原则是每一个使用 IP 协议进行通信的网络接口都应有一个 IP 地址。

➢ 路由器：每个网络接口一个 IP 地址。

➢ 工作站：一般是一个地址。

➢ 服务器：除非服务器是多穴的（多于一个网络接口），否则一般只有一个地址。

➢ 打印机：如果打印机能够通过 IP 协议与打印服务器进行通信，或如果打印机有集成打印服务器特征（如 HP jetdirect），打印机应有一个地址；如果打印机连接的是其他设备的串口或并口时，则打印机不需要 IP 地址。

➢ 网桥：网桥的通信不使用 IP，所以并不需要一个地址。然而，如果使用基于 SNMP 的网络管理系统来管理网桥，则需要一个 IP 地址，因为要把这个设备上的数据代理看成一个 IP 主机。

➢ 集线器：与网桥一样。

➢ 2 层交换机：与网桥一样。

➢ 3 层交换机：与路由器一样。

如表 2-6 所示为宿舍楼区域中各种设备的数量。

表 2-6　宿舍楼区域中各种设备的数量

区域	设备
1#宿舍楼	电脑终端 1440、8 台 24 口可管理交换机
2#宿舍楼	电脑终端 1440、8 台 24 口可管理交换机
3#宿舍楼	电脑终端 1440、8 台 24 口可管理交换机
4#宿舍楼	电脑终端 1440、8 台 24 口可管理交换机
5#宿舍楼	电脑终端 1440、8 台 24 口可管理交换机
6#宿舍楼	电脑终端 1440、8 台 24 口可管理交换机
7#宿舍楼	电脑终端 1440、8 台 24 口可管理交换机
8#宿舍楼	电脑终端 1440、8 台 24 口可管理交换机
9#宿舍楼	电脑终端 1440、8 台 24 口可管理交换机
管理间	三层交换机 72、路由器 4 台
合计	14 000 左右

2.2　划分子网并确定子网 IP 地址范围

当需要开发一个地址管理规划时，不论是定长的还是变长的子网络，都需要知道具体的需求。由于 IP 地址和目标网络段有如此紧密的关系，因此需要非常认真地为每个网络或子网确定正确的地址范围。

2.2.1　查看网络设计

首先要查看一下网络文档。如果这是一个新设计的 IP 网络，需要给出新的设计说明。如果网络已经运行了一段时间，可使用"已建成"文档，这些文档应包括如下信息。

➢ 　在每个 LAN 段上的设备数量和类型。

➢ 　指出哪些设备需要 IP 地址。

➢ 　连接网段间的设备，如路由器、网桥和交换机。

➢ 　管理人员参考。

➢ 　网络设计说明书。

2.2.2　需要子网的数量

当查看、确认和列出每个子网时，并不需要每个子网的 IP 地址数量，如图 2-4 所示。

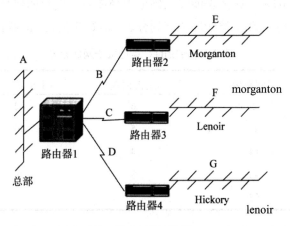

图 2-4　IP 地址数量

路由器是用于网络间互连的设备。路由器和第 3 层交换机的作用都是将分组从一个网络转发到另一个网络，这样使分组更加接近目标网络。路由器上的每个接口都需要一个唯一的地址。由此可见，每一个网络接口的 IP 地址都必须属于不同的网络或子网，即每个路由器的网络接口定义一个网络或子网，最后的部分正是网络管 hickory　工作的部分。

从路由器的配制角度可以看图 2-1。路由器 1 有 4 个网络接口，一个 LAN 接口和三个 WAN 接口，所以路由器 1 需要 4 个 IP 地址，并且每个地址都在不同的网络或子网中。再看路由器 2 有两个接口，一个 LAN 接口和一个 WAN 接口，所以路由器 2 需要 2 个 IP 地址，每一个都分别存在 2 个网络或子网中。其他 2 个分支路由器也是一样。

总部路由器需要 4 个地址，每个分支公司的路由器各需要 2 个地址，总共需要的地址个数为 10 个。路由器 1 和路由器 2 连接在同一个子网上。同样，路由器 1 和路由器 3、路由器 4 也分别连接在相同的子网上。

根据实际情况，需要多少个不同的子网（地址范围），就应该确定在每个子网中有多少个设备需要地址。一般的原则是每一个使用 IP 协议进行通信的网络接口都应有一个 IP 地址。

2.2.3　选择正确的掩码

建立地址管理规划的下一步工作就是选择一个在网络中使用的掩码。与掩码中的 0 位相对应的 IP 地址部分应为网络接口（主机）标识；与掩码中的 1 位相对应的 IP 地址部分应为网络或子网标识。所以，在掩码中 0 位的个数决定了 IP 地址中主机位的个数，即每个子网中可能的 IP 地址数量。

例如，如果在一个子网中需要 25 个地址，则在 IP 地址中至少要有 5 个主机位，且在掩码中至少有 5 个 0。$2^4-2=14$（不够用）；$2^5-2=30$（足够用）。如果需要 1 500 个地址，则在掩码中至少有 11 个 0（$2^{11}-2=2\ 046$）。

如果已经得到了一个完整的类地址块，即整个 A 类、B 类或 C 类地址，就可以在本章的最后得到相应的子网表。这些表能够正确地选择掩码，以及如何分配地址范围。

如表 2-7 所示为传统的 C 类地址子网划分表。请看这张表，试着找到一个合适的掩码。

表 2-7　传统的 C 类地址子网划分表

子网位数	子网数量	主机位数	主机数量	掩码
2	2	6	62	255.255.255.192
3	6	5	30	255.255.255.224
4	14	4	14	255.255.255.240
5	30	3	6	255.255.255.248
6	62	2	2	255.255.255.252

现在是否能够找到一个掩码支持 7 个子网，并且每个子网中有 25 台主机。掩码 255.255.255.224 能够满足主机地址数量的要求，但不能满足子网数量的要求；掩码 255.255.255.240 能够满足子网数量的要求，但不能满足主机地址数量的要求。

1. 使用无编址的网络接口

无编址的网络接口也叫作无编址的 IP。许多常用的路由器都拥有这个特性。这种特性通常被用在点对点的网络连接上，如 56 k 或 T1 线路。当使用这个特性时，点对点的网络就不需要 IP 地址了，这样节省子网的总数量。如果在示例网络中使用这种特性，只需要为 LAN 段提供地址，这将节省了所需要的 IP 地址数量。

如果使用无编址的网络接口，则不能直接对这些网络接口进行测试和管理，这是它的一个缺点。这就需要在管理上和地址节约上做出选择。在大部分网络中，根据组织的需求情况，选择很容易，但在某些网络中，选择比较难。

2. 请求更大的地址块

如果有两个 C 类地址，可将一个地址用在总部的 LAN 上；另一个地址用在分部的 LAN 上和 WAN 连接上。例如，现在分配两个 C 类地址（192.168.8.0 和 192.168.9.0）。在总部 LAN 使用 192.168.8.0 地址，掩码是 255.255.255.0。剩余的 LAN 和 WAN 上使用 192.168.9.0 地址。利用掩码 255.255.255.224 进行子网划分时会有 6 个子网，而且每个子网中可以有 30 个主机地址。

2.2.4　确定掩码位数

如果没有一些工具的话，则只能使用手工方法。在某些特定环境下会有一些捷径，但不是所有环境下都有。下面的过程可用于所有的类地址和所有的掩码。

假设有一个 C 类网络 192.168.153.0。

第一步，确定网络地址中本地可管理的位数，C 类网络有 24 位网络位和 8 位本地位。

第二步，给本地位的每一位一个位置，在本例中有 8 个位置。

第三步，使用掩码，设计子网位和主机位。在下面示例中，选择 255.255.255.224 作为掩码。

子网　　　　　主机

＿ ＿ ＿｜＿ ＿ ＿ ＿ ＿

现在，可以给出有效位的各种组合方式。三位的组合共有 2³=8 种，具体内容如下。

000	100
001	101
010	110
011	111

在本示例中，选择使用子网 0，现在可以填写，将有效的子网位放入模板，内容如下。

子网　　　　　　主机

000　　　　　　＊＊＊＊＊

第一个子网的地址是 192.168.153.0，分配给不同设备的 IP 地址范围从 192.168.153.1 开始到 192.168.153.30 结束。子网的广播地址是 192.168.153.31。

在对其他子网重复这个过程时，仅需要对每个子网使用不同的位模式串就可以了。这样可以连续给出 8 个可能的子网。如表 2-8 所示为示例网络地址总结。

表 2-8 示例网络地址总结工作表

子网地址	第一个分配地址	最后分配地址	广播地址
192.168.153.0	192.168.153.1	192.168.153.30	192.168.153.31
192.168.153.32	192.168.153.33	192.168.153.62	192.168.153.63
192.168.153.64	192.168.153.65	192.168.153.94	192.168.153.95
192.168.153.96	192.168.153.97	192.168.153.126	192.168.153.127
192.168.153.128	192.168.153.129	192.168.153.158	192.168.153.159
192.168.153.160	192.168.153.161	192.168.153.190	192.168.153.191
192.168.153.192	192.168.153.193	192.168.153.222	192.168.153.223
192.168.153.224	192.168.153.225	192.168.153.254	192.168.153.255

使用网络地址总结工作表的好处如下。

①工作表为每个子网中的有效地址提供了一个可视化索引,但没有掩码的内容。例如,选择一个掩码 255.255.255.248。第一个子网的地址范围将从 192.168.153.1 开始到 192.168.153.6 结束;第二个子网的地址范围将从 192.168.153.9 开始到 192.168.153.14 结束。这不仅与上面的计算结果相同,也与使用子网划分表得出的结论相同。

②可在工作表上做记录。当划分子网时,可以在相应的列(在合适的掩码下)中写上有关子网的描述信息,如分配的位置、技术联络等,也可以通过在"分配到"这个列上填入信息来记录单个地址的分配情况。

③工作表是可以扩展的。每个工作表记录着一个 C 类网络。如果要记录一个 B 类网络的分配情况,用一个工作表记录一组 256 个地址,然后再用多个工作表记录分组的描述。

2.2.5　私有地址管理和大型网络的子网划分

尽管目前的 IP 版本能够提供 40 多亿个唯一的 IP 地址,但独立的网络号并不是很多。事实上,目前仅有 126 个 A 类网络、16 000 个 B 类网络、2 000 000 个 C 类网络。这种设计大量浪费了全球唯一的 IP 地址。

在 20 世纪 70 年代,整个 Internet 结构中仅有几十个网络和几百个节点。在其设计中,互联网上的任何节点都能相互到达。那时没有人能够想到新应用,如 World Wide Web 的出现以及带宽的迅速提高会吸引如此多的人来参与这个"网络"。今天,Internet 中有成千上万个网络,以及百万个节点。由于大量网络加入 Internet,这给路由技术提出了一个挑战,大量的参与者的也给原设计的 IP 地址管理策略提出了新的挑战。由于 Internet 的迅速增长,现在必须做出某种妥协。现已开发出以下几种技术,以减轻 Internet 增长的压力。

1. CIDR 技术

无类域间路由（classless inter domain routing，CIDR）是在 1993 年 9 月提出的，并公布在 RFC 1517、RFC 1518 和 RFC 1519 文档中。使用这种技术可以减缓路由表的增长，并可通过减少分配的"颗粒"大小来减少 IP 地址的浪费。现在可以给一个组织分配任意数量的地址，而不必要分配整个 A 类网络、B 类网络或 C 类网络。（一般来说，分配地址的数量是 2 的多少次方，而 CIDR 技术的最大好处是在实际分配地址时，可分配任意数量。）

例如，如果网络需要 3 000 个地址，只分配一个 C 类网络（256 个地址）是不够的；如果分配一个 B 类网络（65 536 个地址），那将会有 62 000 多个地址被浪费掉。如果使用 CIDR 技术，可分配 4 096 个地址的块，等价于 16 个 C 类网络。这块地址将会能够满足地址需求，并允许扩展，有效使用全球唯一地址。

CIDR 对原来用于分配 A 类、B 类和 C 类地址的有类别路由选择进程进行了重新构建。CIDR 用 13～27 位长的前缀取代了原来地址结构对地址网络部分的限制（3 类地址的网络部分，分别被限制为 8 位、16 位和 24 位）。在管理员能分配的地址块中，主机数量范围是 32～500 000，从而能更好地满足机构对地址的特殊需求。

CIDR 地址中包含标准的 32 位 IP 地址和有关网络前缀位数的信息。以 CIDR 地址 222.80.18.18/25 为例，其中"/25"表示其前面的之中的前 25 位代表网络部分，其余位代表主机部分。

CIDR 建立与"超级组网"的基础上，"超级组网"是"子网划分"的派生词，可看作子网划分的逆过程。子网划分时，从地址主机部分借位，将其合并进网络部分；而在超级组网中，则是将网络部分的某些位合并。这种无类别超级组网技术通过将一组较小的无类别网络汇聚为一个较大的单一路由表项，减少了 Internet 路由域中路由表条目标数量。使用 CIDR 聚合地址的方法与使用 VLSM（variable length subnet mask，可变长子网掩码）划分子网的方法类似。在使用 VLSM 划分子网时，将原来分类 IP 地址中的主机位按照需要划出一部分作为网络位使用；而在使用 CIDR 聚合地址时，则是将原来分类 IP 地址中的网络位划出一部分作为主机位使用。

2. VLSM

VLSM 是一种通过减少每个子网的掩码长度来节省 IP 地址的技术。子网需求多少地址掩码就应该提供多少。如果需要的地址少，则掩码也应不同。这种技术的主要思想是为每个子网分配"合适的地址数量"。

许多组织使用点对点的 WAN 链接。通常，这些链接包含着一个子网，但仅需要 2 个地址。这些子网使用的最适当的掩码是 255.255.255.252。如果一个典型的 LAN 拥有几十台主机，并且在同一个子网中，则这个掩码将永远不会被使用。如果使用支持 VLSM 的路由协议，则会更有效地使用地址块。

3. 私有地址

节约全球唯一（公共）IP 地址最有效的策略是根本不使用这些地址。如果企业网络使用的是 TCP/IP 协议，但不与全球 Internet 上的主机进行通信，那么就没有必要使用这些公共的 IP 地址了。Internet 协议只简单地要求互联网络上的所有主机都应有唯一的地址。如果基于工作局限在组织内部，则 IP 地址仅需要在组织内部作为唯一就可以了。

许多组织都希望能够与 Internet 进行信息交流，但这并不意味着在网络上的所有设备都必须有公共地址。其实网络中还可以继续使用私有地址，但要使用一种叫作网络地址转换（network address translation，NAT）的技术将这些私有（内部）地址转换成公有（外部）地址。

在 20 世纪 90 年代初期，Internet 进入快速增长时期。RFC 1597 提出了一种有助于保留全球唯一 IP 地址的方法，这种方法使用了三个保留地址块。这三块地址永远不会分配给任何组织。这些地址块能够被用到任意私有网中。以下三个地址范围作为私有地址块。

10.0.0.0—10.255.255.255.

172.16.0.0—172.31.255.255.

192.168.0.0—192.168.255.255.

实训 2：分配子网地址

从技术角度来讲，哪个子网分配给哪个网段是没有区别的，唯一要考虑的因素是容易使用和容易记录文档。

由于宿舍楼采用 B 类 IP 地址，且从避免广播风暴角度来讲，每个子网内计算机数量尽量不要超过 100 台，因此整个宿舍楼需要划分的子网数为 14 000/100=140 个。

B 类地址本地位为 16 位，因此确定后面 7 位作为主机位，前面 9 位作为子网位，掩码为 255.255.255.128。

如表 2-9 所示为 1#宿舍楼的子网地址（以前 6 层为例）。

表 2-9　1#宿舍楼的子网地址

楼层	子网地址	第一个分配地址	最后分配地址	广播地址
1	172.16.11.0	172.16.11.1	172.16.11.126	172.16.11.127
1	172.16.11.128	172.16.11.129	172.16.11.254	172.16.11.255
2	172.16.12.0	172.16.12.1	172.16.12.126	172.16.12.127
2	172.16.12.128	172.16.12.129	172.16.12.254	172.16.12.255
3	172.16.13.0	172.16.13.1	172.16.13.126	172.16.12.127
3	172.16.13.128	172.16.13.129	172.16.13.254	172.16.12.255
4	172.16.14.0	172.16.14.1	172.16.14.126	172.16.12.127

（续表）

楼层	子网地址	第一个分配地址	最后分配地址	广播地址
4	172.16.14.128	172.16.14.129	172.16.14.254	172.16.12.255
5	172.16.15.0	172.16.15.1	172.16.15.126	172.16.12.127
5	172.16.15.128	172.16.15.129	172.16.15.254	172.16.12.255
6	172.16.16.0	172.16.16.1	172.16.16.126	172.16.12.127
6	172.16.16.128	172.16.16.129	172.16.16.254	172.16.12.255

实训 3：分配设备地址

当完成不同的网段分配子网地址时，就可以为需要地址的设备分配独立的地址，但没有一种完全正确的方法来实现这种分配。分配设备地址的方法主要有顺序分配、预留地址和向中间扩展三个。

1. 顺序分配

顺序分配是简单地将下一个可能的 IP 地址分配给每个设备，而不考虑设备的类型或功能。这种方法的优点是灵活，并且不浪费地址；缺点是没有顺序或分配策略，没有一种方法根据地址来确认设备的功能。

2. 预留地址

预留地址就是在每个子网中为不同功能预留一组地址空间，内容如下。

➢ 路由器：使用前 3 个地址。
➢ 服务器：使用相邻后 5 个地址。
➢ 其他设备：使用相邻后 5 个地址（打印机、智能集线器等）。
➢ 工作站：所有剩余地址。

这种技术的优点是技术人员能够根据设备的地址来判断设备的类型，反过来也一样，给定一个设备后，就能够给出它的地址；缺点是容易造成地址空间的浪费，而此时其他的功能组可能还需要用更多的地址空间。

3. 向中间扩展

向中间扩展是首先给主子网路由器分配在子网中的第一个地址；然后按顺序给其他网络互连和支持设备分配下一个更高一层的地址。按需要给工作站分配的地址是从高地址开始，到低地址结束。

这种技术可以使用所有的地址，同时又保留了一些功能上的一致性，可以使用最喜欢的技术，许多管理员同时使用这三种技术。

实训 4：IPv6 基础典型配置指导

当用户需要访问 IPv6 网络时，交换机上必须要配置 IPv6 地址，并确保用户和交换机之间网络层互通。全球单播地址、站点本地地址、链路本地地址三者必选其一。

1. IPv6 基础配置

特别当用户需要访问使用 IPv6 的公网时，必须配置 IPv6 全球单播地址。IPv6 基础配置组网示意图如图 2-5 所示。

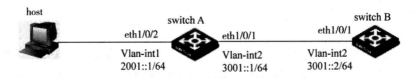

图 2-5　IPv6 基础配置组网示意图

（1）IPv6 站点本地地址和全球单播地址可以通过下面方式配置。

➤ 采用 EUI-64 格式形成：当配置采用 EUI-64 格式形成 IPv6 地址时，接口的 IPv6 地址的前缀是所配置的前缀，而接口标识符则由接口的链路层地址转化而来。

➤ 手工配置：用户手工配置 IPv6 站点本地地址或全球单播地址。

（2）IPv6 的链路本地地址可以通过以下两种方式获得。

➤ 自动生成：设备根据链路本地地址前缀（FE80：: /64）及接口的链路层地址，自动为接口生成链路本地地址；

➤ 手动指定：用户手工配置 IPv6 链路本地地址。

2. IPv6 的应用要求

➤ host、switch A 和 switch B 通过以太网端口直接相连，将以太网端口分别加入相应的 VLAN 中，并在 VLAN 接口上配置 IPv6 地址，验证设备之间的互通性。

➤ switch A 的 VLAN 接口 2 的全球单播地址为 3001：: 1/64，VLAN 接口 1 的全球单播地址为 2001：: 1/64。

➤ switch B 的 VLAN 接口 2 的全球单播地址为 3001：: 2/64，有可以到 host 的路由。

➤ host 上安装了 IPv6，根据 IPv6 邻居发现协议自动配置 IPv6 地址。

3. IPv6 适用产品和版本

IPv6 配置适用的产品与软硬件版本关系如表 2-10 所示。

表 2-10　IPv6 配置适用的产品与软硬件版本关系

产品	软件版本	硬件版本
S3610 系列以太网交换机	release 5301 软件版本	全系列硬件版本

（续表）

产品	软件版本	硬件版本
S5510 系列以太网交换机	release 5301 软件版本	全系列硬件版本
S5500-SI 系列以太网交换机	release 1207 软件版本	全系列硬件版本（除 S5500-20TP-SI）
	release 1301 软件版本	S5500-20TP-SI
S5500-EI 系列以太网交换机	release 2102 软件版本	全系列硬件版本
S7500E 系列以太网交换机	release 6100 软件版本	全系列硬件版本

4. IPv6 配置过程和解释

对于 S3610/S5510 系列以太网交换机，在使能 IPv6 功能之前，必须先将设备运行模式切换到 IPv4/IPv6 双协议栈模式，即执行 switch-mode dual-ipv4-ipv6 命令。否则，即使使能 IPv6，设备也不支持 IPv6 报文的转发。另外需要注意的是执行 switch-mode 命令切换的协议栈只有在重启设备后才能生效。

（1）配置 switch A

\# 使能交换机的 IPv6 转发功能。

<switchA> system-view

[switchA] ipv6

\# 手工指定 VLAN 接口 2 的全球单播地址，同时会自动生成链路本地地址。

[switchA] interface vlan-interface 2

[switchA-Vlan-interface2] ipv6 address 3001：：1/64

[switchA-Vlan-interface2] quit

\# 手工指定 VLAN 接口 1 的全球单播地址，并允许其发布 RA 消息。（缺省情况下，所有的接口不会发布 RA 消息）

[switchA] interface vlan-interface 1

[switchA-Vlan-interface1] ipv6 address 2001：：1/64

[switchA-Vlan-interface1] undo ipv6 nd ra halt

（2）配置 switch B

\# 使能交换机的 IPv6 转发功能。

<switchB> system-view

[switchB] ipv6

\# 配置 VLAN 接口 2 的全球单播地址。

[switchB] interface vlan-interface 2

[switchB-Vlan-interface2] ipv6 address 3001：：2/64

[switchB-Vlan-interface2] quit

配置 IPv6 静态路由，该路由的目标地址为 2001∷/64，下一跳地址为 3001∷1。

[switchB] ipv6 route-static 2001∷ 64 3001∷1

（3）配置 host

host 上安装 IPv6，根据 IPv6 邻居发现协议自动配置 IPv6 地址。

[switchA] display ipv6 neighbors interface ethernet 1/0/2

type∶ S-static   D-dynamic

IPv6 address	link-layer	VID	interface	state T age
FE80∷215∶E9FF∶FEA6∶7D14	0015-e9a6-7d14	1	Eth1/0/2	STALE D 1238
2001∷15B∶E0EA∶3524∶E791	0015-e9a6-7d14	1	Eth1/0/2	STALE D 1248

通过上面的信息可以知道，host 上获得的 IPv6 全球单播地址为 2001∷15B∶E0EA∶3524∶E791。

（4）验证配置结果

使用 display ipv6 interface 命令显示 switch 的接口信息。

[switchA] display ipv6 interface vlan-interface 2

[switchA] display ipv6 interface vlan-interface 1

[switchB] display ipv6 interface vlan-interface 2

在 host 上使用 ping 测试和 switch A 及 switch B 的互通性；在 switch B 上使用 ping 测试和 switch A 及 host 的互通性。

注意：在 ping 链路本地地址时，需要使用-i 参数来指定链路本地地址的接口。

[switchB] ping ipv6 -c 1 3001∷1

　PING 3001∷1∶ 56 data bytes, press CTRL_C to break

　　reply from 3001∷1

　　bytes=56 Sequence=1 hop limit=64 time = 2 ms

　——3001∷1 ping statistics ——

　　1 packet（s） transmitted

　　1 packet（s） received

　　0.00% packet loss

　　round-trip min/avg/max = 2/2/2 ms

[switchB-Vlan-interface2] ping ipv6 -c 1 2001∷15B∶E0EA∶3524∶E791

　PING 2001∷15B∶E0EA∶3524∶E791∶ 56 data bytes, press CTRL_C to break

　　reply from 2001∷15B∶E0EA∶3524∶E791

　　bytes=56 Sequence=1 hop limit=63 time = 3 ms

　—— 2001∷15B∶E0EA∶3524∶E791 ping statistics ——

1 packet（s）　transmitted

1 packet（s）　received

0.00% packet loss

round-trip min/avg/max = 3/3/3 ms

从 host 上也可以 ping 通 switch B 和 switch A，证明它们是互通的。

5. 完整配置

（1）switchA 上的配置。

```
#
 ipv6
#
interface Vlan-interface1
 ipv6 address 2001：：1/64
 undo ipv6 nd ra halt
#
interface Vlan-interface2
 ipv6 address 3001：：1/64
#
```

（2）switchB 上的配置。

```
#
 ipv6
#
interface Vlan-interface2
 ipv6 address 3001：：2/64
#
 ipv6 route-static 2001：：64 3001：：1
#
```

6. 配置注意事项

当接口配置了 IPv6 站点本地地址或全球单播地址后，同时会自动生成链路本地地址，且与采用 ipv6 address auto link-local 命令生成的链路本地地址相同。

当配置链路本地地址时，手工指定方式的优先级高于自动生成方式。即如果先采用自动生成方式，之后手工指定，则手工指定的地址会覆盖自动生成的地址。如果先手工指定，之后采用自动生成的方式，则自动配置不生效，接口的链路本地地址仍是手工指定的。此时，如果删除手工指定的地址，则自动生成的链路本地地址会生效。

本章小结

本章主要讲述了网络 IP 地址需求数量的确定、划分子网并确定子网 IP 地址范围。通过本章的学习,读者应掌握 IP 地址的组成及分类;认识特殊的 IP 地址;理解划分子网的优点;掌握子网的划分方法。

本章习题

一、填空题

1. 某公司采用 B 类 IP 地址,每个子网容纳计算机最多 30 台,子网掩码是什么?
2. 某公司采用 A 类 IP 地址,每个子网容纳计算机最多 62 台,子网掩码是什么?
3. 某公司采用 C 类 IP 地址,需要划分 2 个子网,子网掩码是什么?
4. 某公司采用 C 类 IP 地址,需要划分 3 个子网,子网掩码是什么?
5. 某公司采用 C 类 IP 地址,需要划分 5 个子网,子网掩码是什么?

二、简答题

1. 某公司内网采用 C 类私有地址管理,网段为 192.168.100.0,现需要划分 4 个子网,请计算以下几个问题。

(1) 计算子网掩码。

(2) 分别写出 4 个子网的网络号。

子网	网络号
子网 1	
子网 2	
子网 3	
子网 4	

(3) 分别计算 4 个子网的广播地址。

子网	广播地址
子网 1	
子网 2	

子网 3	
子网 4	

（4）分别写出 4 个子网的首地址和末地址。

子网	首地址	末地址
子网 1		
子网 2		
子网 3		
子网 4		

2．IP 地址 172.16.50.111，子网掩码 255.255.255.128，请计算并填写表格。

网络号	
广播地址	
主机号	

3．判断如下 2 个 IP 是否为同一子网。

（1）IP：192.168.10.55 和 192.168.10.130，子网掩码 255.255.255.128

（2）IP：192.168.45.77 和 192.168.45.109，子网掩码 255.255.255.192

（3）IP：172.16.100.55 和 172.16.105.130，子网掩码 255.255.248.0

4．判断如下 IP 地址是否可以分配给主机。

（1）IP：192.168.10.127，子网掩码 255.255.255.128

（2）IP：192.168.10.30，子网掩码 255.255.255.248

（3）IP：192.168.10.31，子网掩码 255.255.255.248

（4）IP：192.168.10.32，子网掩码 255.255.255.248

第3章　组建办公区网络

【本章导读】

在图 1-7 所示的某学校网络拓扑图中，需要对其办公区域的网络设计，要求实现：
（1）各办公室作为单独的 VLAN。
（2）各办公室之间能够互相连通。

【本章目标】

➢ 掌握交换机的配置方法。
➢ 能够根据网络管理需要划分 VLAN。
➢ 能够通过三层交换机实现 VLAN 间互通。

3.1　交换机基本配置

交换机是网络中最广泛应用的设备，因此基本配置是非常关键的，是后续配置的基础。

3.1.1　交换机的重要技术参数

交换机的每一个参数都影响到交换机的性能、功能和不同集成特性，这些参数主要包括转发技术、延时、管理功能、单/多 MAC 地址类型、外接监视支持、扩展树、全双工和高速端口集成等。

1. 转发技术

转发技术（forwarding technologies）是指交换机所采用的用于决定如何转发数据包的转发机制。各种转发技术具体内容如下。

（1）直通转发技术（cut-through）。交换机一旦解读到数据包的目标地址，就开始向目标端口发送数据包。通常，交换机在接收数据包的前 6 个字节时，就已经知道目标地址，从而可以决定向哪个端口转发数据包。直通转发技术的优点是转发速率快、减少延时和提高整体吞吐率；缺点是交换机在没有完全接收并检查数据包的正确性之前就已经开始了数据转发。这样在通信质量不高的环境下，交换机会转发所有的完整数据包和错误数据包，实际上这给整个交换网络带来了许多垃圾通信包，交换机会被误解为发生了广播风暴。总之，直通转发技术适用于网络链路质量较好、错误数据包较少的网络环境。

（2）存储转发技术（store-and-forward）。存储转发技术要求交换机在接收到全部数据包后再决定如何转发。这样一来，交换机可以在转发之前检查数据包的完整性和正确性。优点是没有残缺数据包转发，减少了潜在的不必要数据转发；缺点是转发速率比直接转发技术慢。所以存储转发技术比较适应与普通链路质量的网络环境。

（3）碰撞逃避转发技术（collision-avoidance）。某些厂商（3com）的交换机还提供这种厂商特定的转发技术。碰撞逃避转发技术通过减少网络错误繁殖，在高转发速率和高正确率之间选择了一条折衷的解决办法。

2.　延时

交换机延时（latency）是指从交换机接收数据包到开始向目标端口复制数据包之间的时间间隔。有许多因素会影响延时长短，比如转发技术等。采用直通转发技术的交换机有固定的延时。因为直通式交换机不管数据包的整体大小，而只根据目标地址来决定转发方向。所以延时是固定的，取决于交换机解读数据包前 6 个字节中目标地址的解读速率。采用存储转发技术的交换机由于必须要接收完完整的数据包才开始转发数据包，因此延时与数据包大小有关。数据包大，则延时长；数据包小，则延时短。

3.　管理功能

交换机的管理（management）功能是指交换机如何控制用户访问交换机，以及用户对交换机的可视程度如何。通常，交换机厂商都提供管理软件或满足第三方管理软件远程管理交换机。一般的交换机满足 SNMP MIB I／MIB II 统计管理功能。而复杂一些的交换机会通过增加内置 RMON 组（mini-RMON）来支持 RMON 主动监视功能。有的交换机还允许外接 RMON 探监视可选端口的网络状况。

4.　单/多 MAC 地址类型

单 MAC 交换机的每个端口只有一个 MAC 硬件地址。多 MAC 交换机的每个端口捆绑有多个 MAC 硬件地址。单 MAC 交换机的设计主要用于连接最终用户、网络共享资源或非桥接路由器，不能用于连接集线器或含有多个网络设备的网段。多 MAC 交换机在每个端口有足够存储体记忆多个硬件地址，多 MAC 交换机的每个端口可以看作是一个集线器，而多 MAC 交换机可以看作是集线器的集线器。每个厂商的交换机的存储体 Buffer 的容量大小各不相同。这个 Buffer 容量的大小限制了这个交换机所能够提供的交换地址容量。一旦超过了这个地址容量，有的交换机将丢弃其他地址数据包，有的交换机则将数据包复制到各个端口不做交换。

5. 外接监视支持

一些交换机厂商提供"监视端口"（monitoring port），允许外接网络分析仪直接连接到交换机上监视网络状况，但各个厂商的实现方法各不相同。

6. 扩展树

由于交换机实际上是多端口的透明桥接设备，因此交换机也有桥接设备的固有问题，"拓扑环"问题（topology loops）。当某个网段的数据包通过某个桥接设备传输到另一个网段，而返回的数据包通过另一个桥接设备返回源地址，这个现象就叫拓扑环。一般，交换机采用扩展树协议算法让网络中的每一个桥接设备相互知道，自动防止拓扑环现象。交换机通过将检测到的拓扑环中的某个端口断开，达到消除拓扑环的目的，维持网络中的拓扑树的完整性。在网络设计中，拓扑环常被推荐用于关键数据链路的冗余备份链路选择，所以带有扩展树协议支持的交换机可以用于连接网络中关键资源的交换冗余。

7. 全双工

全双工端口可以同时发送和接收数据，但这要交换机和所连接的设备都支持全双工工作方式。全双工功能的交换机具有以下几个优点。

（1）高吞吐量（throughput）：两倍于单工模式通信吞吐量。

（2）避免碰撞（collision avoidance）：没有发送/接收碰撞。

（3）突破长度限制（improved distance limitation）：由于没有碰撞，因此不受 CSMA/CD 链路长度的限制。通信链路的长度限制只与物理介质有关。

现在支持全双工通信的协议有快速以太网、千兆以太网和 ATM。

8. 高速端口集成

交换机可以提供高带宽"管道"（固定端口、可选模块或多链路隧道）满足交换机的交换流量与上级主干的交换需求，防止出现主干通信瓶颈。常见的高速端口有以下几个。

（1）FDDI：应用较早、范围广，但是有协议转换花费。

（2）fast ethernet/gigabit ethernet：连接方便、协议转换费用少，但受到网络规模限制。

（3）ATM：可提供高速交换端口，但是协议转换费用大。

3.1.2 交换机的工作原理

局域网交换技术是作为对共享式局域网提供有效的网段划分的解决方案而出现的，可以使每个用户尽可能地分享到最大带宽。

交换技术是在 OSI 七层网络模型中的第二层，即数据链路层进行操作的。因此交换机对数据包的转发是建立在 MAC 地址——物理地址基础之上的。对于 IP 网络协议来说，它是透明的。交换机在转发数据包时，不知道也无须知道信源机和信宿机的 IP 地址，只须知道其物理地址，即 MAC 地址。

交换机在操作过程当中会不断地收集资料去建立本身的一个地址表，这个表相当简单，说明了某个 MAC 地址是在哪个端口上被发现的。所以当交换机收到一个 TCP/IP 封包时，便会看一下该数据包的标签部分的目标 MAC 地址，核对地址表以确认该从哪个端口把数据包发出去。由于这个过程比较简单，加上今天这功能由 ASIC 硬件进行，因此速度相当高。一般只需几十微秒，交换机便可决定一个 IP 封包该往那里送。

万一交换机收到一个不认识的封包，如果目标 MAC 地址不能在地址表中找到时，交换机会把 IP 封包"扩散"出去。把它从每一个端口中送出去，就好像交换机在收到一个广播封包时一样处理。

二层交换机的弱点是处理广播封包的手法不大有效。例如，当一个交换机收到一个从 TCP/IP 工作站上发出来的广播封包时，便会把该封包传到所有其他端口去，哪怕有些端口上连的是 IPX 或 DECnet 工作站。非 TCP/IP 接点的带宽便会受到负面的影响，就算同样的 TCP/IP 接点，除非子网跟发送广播封包的工作站的子网相同，否则也会无原无故地收到一些毫不相干的网络广播，整个网络的效率也会大打折扣。

交换技术是简化、低价、高性能和高端口密集特点的交换产品，体现了桥接技术的复杂交换技术在 OSI 参考模型的第二层操作。与桥接器不同的是交换机转发延迟很小，操作接近单局域网性能，远远超过了普通桥接互联网之间的转发性能。

3.1.3　交换机的三种交换技术

交换机交换技术主要有端口交换、帧交换和信元交换三个。

1. 端口交换

端口交换技术最早出现在插槽式的集线器中，这类集线器的背板通常划分有多条以太网段，不用网桥或路由器连接，网络之间是互不相通的。以太主模块插入后通常被分配到某个背板的网段上，端口交换用于将以太模块的端口在背板凳多个网段之间进行分配、平衡。根据支持的程度，端口交换还细分为以下几个。

（1）模块交换：将整个模块进行网段迁移。

（2）端口组交换：通常模块上的端口被划分为若干组，每组端口允许进行网段迁移。

（3）端口级交换：支持每个端口在不同网段之间进行迁移。这种交换技术是基于 OSI 第一层上完成的，具有灵活性和负载平衡的能力等优点。如果配置得当，还可以在一定程度上进行容错，但没有改变共享传输介质的特点，因而不能称之为真正的交换。

2. 帧交换

帧交换是目前应用最广泛的局域网交换技术，通过对传统传输媒介进行微分段，提供并进行传送的机制，以减小冲突域，获得高的带宽。每个公司的产品实现技术均存在回游差异，但对网络帧的处理方式有以下两种。

（1）真通交换：提供线速处理能力，交换机只读出网络帧的前 14 个字节，便将网络帧转送到相应的断口上。

（2）贮存转发：通过对网络帧的读取进行验错和控制。

端口交换速度非常快，但缺乏对网络帧进行更高级的控制，缺乏智能性和安全性，同时也无法支持具有不同速率的端口交换。因此，各厂商把帧交换作为重点。

3. 信元交换

ATM 技术代表了网络和通信中众多难题的一剂"良药"。ATM 采用固定长度 53 个字节的信元交换。由于长度固定，因此便于用硬件实现。ATM 采用专用的非差别连接，运行时可以通过一个交换机同时建立多个节点，但不会影响每个节点之间的通信能力。ATM 还容许在源节点和目标节点之间的通信能力。ATM 采用了统计时，分电路进行复用，因而能大大提高通道的利用率。ATM 的带宽可以达到 25 M、155 M、622 M，甚至数 GB 的转送能力。

3.1.4 第二层交换技术原理

第二层的网络交换机依据第二层的地址传送网络帧，第二层的地址又称硬件地址（MAC 地址）。第二层交换机通常提供很高的吞吐量（线速）、低延时（10 微秒左右），每端口的价格比较经济。

第二层的交换机对于路由器和主机是"透明的"，主要遵从 802.1d 标准。该标准规定交换机通过观察每个端口的数据帧获得源 MAC 地址，交换机在内部的高速缓存中建立 MAC 地址与端口的映射表。当交换机接受的数据帧的目标地址在该映射表中被查到，交换机便将该数据帧送往对应的端口。如果查不到，便将该数据帧广播到该端口所属虚拟局域网（virtual local area network，VLAN）的所有端口，如果有回应数据包，交换机便将在映射表中增加新的对应关系。

当交换机初次加入网络中时，由于映射表是空的，因此所有的数据帧将发往虚拟局域网内的全部端口，直到交换机"学习"到各个 MAC 地址为止。交换机刚刚启动时与传统的共享式集线器作用相似，直到映射表建立起来后，才能真正发挥性能。这种方式改变了共享式以太网抢行的方式，如同在不同的行驶方向上铺架了立交桥，去往不同方向的车可以同时通行，因此大大提高了流量。

从 VLAN 角度出发，由于只有子网内部的节点竞争带宽，因此性能得到提高。主机 1 访问主机 2 的同时，主机 3 可以访问主机 4 。当各个部门具有自己独立的服务器时，这一优势更加明显。但是这种环境正发生巨大的变化，因为服务器趋向于集中管理。另外，这一模式也不适合 Internet 的应用。不同 VLAN 之间的通信需要通过路由器来完成，为了实现不同的网段之间通信也需要路由器进行互连。路由器处理能力是有限的，相对于局域网的交换速度来说，路由器的数据路由速度也是较缓慢的。路由器的低效率和长时延使之成为整个网络的瓶颈。

VLAN 之间的访问速度是加快整个网络速度的关键，某些情况下（特别是 intranet），划定虚拟局域网本身是一件困难的事情。第三层交换机的目的正在于此，可以完成 intranet 中 VLAN 之间的数据包以高速率进行转发。

3.1.5 交换机的几种配置方法

1. 控制台登录

用一台计算机作为控制台和网络设备相连，通过计算机对网络设备进行配置，如图 3-1 所示。

（1）硬件连接。把 console 线一端连接在计算机的串行口上；另一端连接在网络设备的 console 口上。console 线在购置网络设备时会提供一条反转线，也可以用双绞线进行制作，如图 3-2 所示。

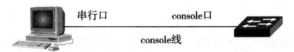

图 3-1　通过计算机对网络设备进行配置

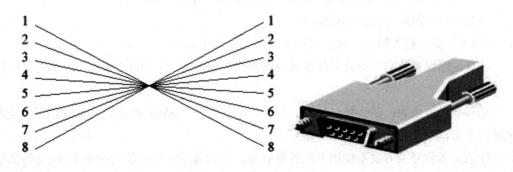

图 3-2　硬件连接

请按照上面的线序制作一根双绞线，一端通过一个转接头连接在计算机的串行口上；另一端连接在网络设备的 console 口上。

注意：不要把反转线连接在网络设备的其他接口上，这有可能导致设备损坏。

（2）软件安装。在计算机上需要安装一个终端仿真软件来登录网络设备。通常使用 Windows 自带的"超级终端"。超级终端安装方法：开始｜程序｜附件｜通信｜超级终端。

按照提示的步骤进行安装，其中连接的接口选择"COM1"、端口的每秒位数选择"9600"、数据流控制选择"硬件"，其他都使用默认值，如图 3-3 所示。

图 3-3　软件安装步骤界面

登录后，就可以对网络设备进行配置了。

注意：超级终端只需安装一次，下次再使用时可从"开始｜程序｜附件｜通信｜超级终端"中找到上次安装的超级终端，直接使用即可。

2. 远程登录

通过一台连接在网络中的计算机，用 telnet 命令登录网络设备进行配置。远程登录需要满足以下几个条件。

（1）网络设备已经配置了 IP 地址、远程登录密码和特权密码。

（2）网络设备已经连入网络工作。

（3）计算机连入网络，并且可以和网络设备通信。

注意：远程登录的计算机不是连接在网络设备 console 口上的计算机，而是网络中任意一台计算机。

远程登录方法为：在计算机的命令行中，输入命令"telnet 网络设备 IP 地址"，输入登录密码就可以进入网络设备的命令配置模式。

注意：远程登录方式不能用来配置新设备，新设备应该用控制台配置 IP 地址等参数，以后才能使用远程登录进行配置。

3. 其他配置方法

除了控制台和远程登录之外，还有如下的配置方法配置网络设备。

（1）TFTP 服务器：TFTP 服务器是网络中的一台计算机，可以把网络设备的配置文件等信息备份到 TFTP 服务器之中，也可以把备份的文件传回到网络设备中。

由于设备的配置文件是文本文件，因此可以用文本编辑软件打开进行修改，再把修改后的配置文件传回网络设备，这样就可以实现配置功能，也可以用 TFTP 服务器把一个已经做好的配置文件上传到一台同型号的设备中实现配置。

（2）SSH：SSH 是一种安全的配置手段，功能类似于远程登录。与 telnet 不同的是，SSH 传输中所有信息都是加密的，所以如果在一个不能保证安全的环境中配置网络设备，最好使用 SSH。

（3）Web：有些种类的设备支持 Web 配置方式，可以在计算机上用浏览器访问网络设备并配置。Web 配置方式具有较好的直观性，可观察到设备的连接情况。

3.1.6　交换机的命令行（CLI）操作

1. 交换机命令模式

交换机和路由器的命令是按模式分组的，每种模式中定义了一组命令集。想要使用某个命令，必须先进入相应的模式。各种模式可通过命令提示符进行区分，命令提示符的格式如下。

提示符名　模式

提示符名一般是设备的名字，交换机的默认名字"switch"，路由器的默认名字是"router"（锐捷设备的默认名字是"ruijie"），提示符模式表明了当前所处的模式。如">"代表用户模式，"#"代表特权模式。

交换机常见的几种命令模式见表 3-1。

表 3-1　交换机常见的命令模式

模式	提示符	说明
user EXEC 用户模式	>	可用于查看系统基本信息和进行基本测试
privileged EXEC 特权模式	#	查看、保存系统信息，该模式可使用密码保护
global configuration 全局配置模式	（config）#	配置设备的全局参数
interface configuration 接口配置模式	（config-if）#	配置设备的各种接口
line configuration 线路配置模式	（config-line）#	配置控制台、远程登录等线路
router configuration 路由配置模式	（config-router）#	配置路由协议

（续表）

模式	提示符	说明
config-vlan VLAN 配置模式	（config-vlan）#	配置 VLAN 参数

2. 命令模式的切换

交换机和路由器的模式大体可分为四层：用户模式→特权模式→全局配置模式→其他配置模式。当进入某模式时，需要逐层进入。交换机和路由器的模式见表 3-2。

表 3-2　交换机和路由器的模式

要求	命令举例	说明
进入用户模式		登录后就进入
进入特权模式	ruijie>enable ruijie#	在用户模式中输入 enable 命令
进入全局配置模式	ruijie#configure terminal ruijie（config）#	在特权模式中输入 conft 命令
进入接口配置模式	ruijie（config）#interface f0/1 ruijie（config-if）#	在全局配置模式中输入 interface 命令，该命令可带不同参数
进入线路配置模式	ruijie（config）#line console 0 ruijie（config-line）#	在全局配置模式中输入 line 命令，该命令可带不同参数
进入路由配置模式	ruijie（config）#router rip ruijie（config-router）#	在全局配置模式中输入 router 命令，该命令可带不同参数
进入 VLAN 配置模式	ruijie（config）#vlan 3 ruijie（config-vlan）#	在全局配置模式中输入 vlan 命令，该命令可带不同参数
退回到上一层模式	ruijie（config-if）#exit ruijie（config）#	用 exit 命令可退回到上一层模式
退回到特权模式	ruijie（config-if）#end ruijie#	用 end 命令或 Ctrl+Z 可从各种配置模式中直接退回到特权模式
退回到用户模式	ruijie#disable ruijie>	从特权模式退回到用户模式

注：interface 等命令都是带参数的命令，应根据情况使用不同参数。

特例：当在特权模式下输入 Exit 命令时，会直接退出登录，不是回到用户模式。从特权模式返回用户模式的命令是 disable。

3．CLI 命令的编辑技巧

CLI（命令行）有以下几个特点。

（1）命令不区分大小写。

（2）可以使用简写。

（3）命令中的每个单词只需要输入前几个字母。要求输入的字母个数足够与其他命令相区分即可。如 configure terminal 命令可简写为 conft。

（4）用 Tab 键可简化命令的输入。

（5）如果不喜欢简写的命令，可以用 Tab 键输入单词的剩余部分。每个单词只需要输入前几个字母，当足够与其他命令相区分时，用 Teb 键可得到完整单词。如输入 conf（Tab）t（Tab）命令可得到 configure terminal。

（6）可以调出历史来简化命令的输入。

（7）历史是指曾经输入过的命令，可以用"↑"键和"↓"键翻出历史命令再回车就可执行此命令。（注：只能翻出当前提示符下的输入历史。）

（8）系统默认记录的历史条数是 10 条，可以用 history size 命令修改值。

（9）编辑快捷键：Ctrl+A——光标移到行首，Ctrl+E——光标移到行尾。

（10）用"?"可帮助输入命令和参数。

在提示符下输入"?"，可查看该提示符下的命令集；在命令后加"?"，可查看第一个参数；在参数后再加"?"，可查看下一个参数；如果遇到提示"<cr>"表示命令结束，可以回车。

4．使用 no 和 default 选项

很多命令都有 no 选项和 default 选项。

no 选项可用来禁止某个功能，或者删除某项配置。

default 选项用来将设置恢复为缺省值。

由于大多数命令的缺省值是禁止此项功能，这时 default 选项的作用和 no 选项是相同的。但部分命令的缺省值是允许的，这时 default 选项的作用和 no 选项的作用是相反的。

no 选项和 default 选项的用法是在命令前加 no 或 defaule 前缀。

no shutdown

no ip address

default hostname

可以多使用 no 选项删除有问题的配置信息。

实训 1：主机名的配置删除

1. 配置主机名

主机名用于标识交换机和路由器，通常会作为提示符的一部分显示在命令提示符的前面，可以用命令重新设置设备的名字。

模式：全局配置模式。

命令：hostname name

参数：name 是要设置的主机名，必须由可打印字符组成，长度不能超过 255 个字符。

主机名一般显示在提示符前面，显示时最多只显示 22 个字符。

2. 删除配置的主机名

在全局配置模式下，用 no hostname 命令可删除配置的主机名，恢复默认值。

配置举例：配置交换机的名字为 S3550-1。

switch>enable

switch#configure terminal

switch（config）#hostname S3550-1

S3550-1（config）#

实训 2：配置交换机端口基本参数

1. 交换机接口的类型

交换机的每个物理接口可处于如表 3-3 所示的模式中的一种。

表 3-3   交换机的物理接口的类型

类型	模式	描述
access port	2 层口	实现 2 层交换功能，且只转发来自同一个 VLAN 的帧
trunk port	2 层口	实现 2 层交换功能，可转发来自多个 VLAN 的帧
L2 aggregate port	2 层口	由多个物理接口组成的一个高速传输通道
routed port	3 层口	用单个物理接口构成的三层网关接口
SVI	3 层口	用多个物理接口构成的三层网关接口
L3 aggregate port	3 层口	由多个物理接口组成的一个高速三层网关接口

在默认情况下，交换机所有接口都是 2 层的 access port 接口，所以如果一台没有经过配置的 3 层交换机可作为一台 2 层交换机直接使用。

2. 交换机接口的默认配置

交换机接口的默认配置见表 3-4。

表 3-4　交换机接口的默认配置

参数	默认设置
工作模式	2 层交换模式
接口类型	access port
缺省 VLANL	VLAN 1
接口状态	UP（激活）
接口描述	无
工作速度	自协商
双工模式	自协商
流控	关闭
风暴控制	关闭
接口保护	关闭
接口安全	关闭

在默认情况下，交换机所有接口都是 2 层的 access port 接口，所有接口都属于 VLAN 1，所有接口默认都是激活的。

3. 交换机接口配置的一般方法

当配置接口时，可以配置单个接口，也可以成组配置多个接口。

（1）配置单个接口。

switch（config）#interface port-ID

switch（config-if）#配置接口参数

interface 命令用于指定一个接口，之后的命令都是针对此接口的。

说明：interface 命令可以在全局配置模式下执行，此时会进入接口配置模式，也可以在接口配置模式下执行，所以配置完一个接口后，可直接用 interface 命令指定下一个接口。

参数：port-ID 是接口的标识，可以是一个物理接口，也可以是一个 VLAN（此时应该把 VLAN 理解为一个接口），或者是一个 aggregate port。

配置举例：配置交换机的 IP 地址为 192.168.1.5，并把接口 fastethernet0/1 和 fastethernet0/2 设置为全双工模式。

switch>enable

switch#configure terminal

switch（config）#interface vlan 1

switch（config-if）#ip address 192.168.1.5 255.255.255.0

switch（config-if）#interface f0/1

switch（config-if）#duplex full

switch（config-if）#interface f0/2

switch（config-if）#duplex full

switch（config-if）#end

switch#

说明：当交换机没有 3 层接口时，所有接口都属于 VLAN 1，所以 VLAN 1 的 IP 地址就是交换机的 IP 地址。

（2）成组配置接口。

如果有多个接口需要配置相同的参数时，可以成组配置这些接口。

switch（config）#interface range port-range

switch（config-if）#配置接口参数

参数：port-range 是接口的范围，可以指定多个范围段，各范围段之间用逗号隔开。

说明：port-range 指定接口范围可以是物理接口范围，也可以是一个 VLAN 范围。如 f0/1-6、vlan 2-4 等。

注意：在 interface range 中的接口必须是相同类型的接口。

配置举例：配置交换机的接口 fastethernet0/1~fastethernet0/12 的速度为 100 Mbps，并把 fastethernet0/1~fastethernet0/3 和 fastethernet0/7~fastethernet0/10 分配给 VLAN 2。

switch>enable

switch　#configure terminal

switch（config）#interface range f0/1-12

switch（config-if）#speed 100

switch（config-if）#interface range f0/1-3,0/7-10

switch（config-if）#switchport access vlan 2

switch（config-if）#end

switch#

4. 配置接口描述

接口描述常用于标注一个接口的功能、用途等，有利于记录和了解网络拓扑。

模式：在接口配置模式中配置。

配置命令：

ruijie（config）#interface interface-ID

ruijie（config-if）#description string

interface 命令用于指定要配置的接口。参数 interface-ID 是接口的类型和编号。

description 命令用于设置此接口的描述文字。

说明：接口描述的文字最多不得超过 32 个字符。

删除配置的描述：

ruijie（config）#interface interface-ID

ruijie（config-if）#no description

配置举例：

ruijie>enable

ruijie#configure terminal

ruijie（config）#interface f0/1

ruijie（config-if）#description to-PC1

ruijie（config-if）#interface f0/2

ruijie（config-if）#description to-switch1

ruijie（config-if）#end

ruijie#

本例为 fastethernet0/1 和 fastethernet0/2 配置了接口描述，这样方便了解所连接的设备。配置的接口描述可以在配置文件中看到。

5. 配置接口速率

S3550 的接口可工作于半双工模式或全双工模式，默认情况下，用自协商方式确定双工模式。同时，用配置可指定只使用某一种双工模式。

模式：在接口配置模式中配置。

配置命令：

switch（config）#interface port-ID

switch（config-if）#duplex auto | half | full

interface 命令用于指定要配置的接口，可以是物理接口或 aggregate port 接口。

duplex 命令用于设置此接口的双工模式。

参数：auto——使用自协商模式（默认值）；half——半双工模式；full——全双工模式。

说明：当双工模式不是 auto 时，自协商过程被关闭，此时要求与该接口相连的设备必须支持双工模式。

删除配置的双工模式：

switch（config）#interface port-ID

switch（config-if）#no duplex

删除配置的双工模式后，此接口的双工模式默认为 auto。

配置举例：配置交换机的 fastethernet0/1 口双工模式为全双工模式。

switch>enable

switch#configure terminal

switch（config）#interface f0/1

switch（config-if）#duplex full

switch（config-if）#end

switch#

配置的接口双工模式可以在配置文件中看到。

6. 禁用/启用交换机接口

交换机的所有接口默认是启用的，此时接口的状态为 up。如果禁用了一个接口，则该接口不能收发任何帧，此时接口的状态为 down。

模式：在接口配置模式中配置。

禁用指定接口：

switch（config）#interface port-ID

switch（config-if）#shutdown

启用指定接口：

switch（config）#interface port-ID

switch（config-if）#no shutdown

说明：interface 指定的接口可以是物理接口、VLAN 或 aggregate port 接口。

配置举例：禁用交换机的 fastethernet0/1 口。

switch>enable

switch#configure terminal

switch（config）#interface f0/1

switch（config-if）#shutdown

switch（config-if）#end

7. 查看交换机接口信息

在特权模式下，用 show interfaces 命令可查看交换机指定接口的设置和统计信息。

模式：特权模式。

命令：

switch#show interfaces [port-ID] [counters | description |status | switchport | trunk]

参数：

➢ port-ID：可选，是指定要查看的接口，可以是物理接口、VLAN 或 aggregate port 接口。

➢ counters：可选，只查看接口的统计信息。

➢ description：可选，只查看接口的描述信息。

➢ status：可选，查看接口的各种状态信息，包括速率、双工等。

➢ switchport：可选，查看 2 层接口信息，只对 2 层口有效。

➢ trunk：可选，查看接口的 trunk 信息。

说明：如果未指定参数，则显示所有接口信息。

配置举例：查看交换机的 fastethernet0/1 口的信息。

switch>enable

switch#show interfaces f0/1

interface：fastethernet0/1

description：to-PC1

adminstatus：up

operstatus：down

medium-type：fiber

hardware：GBIC

mtu：1500

lastchange：0d：0h：0m：0s

adminduplex：auto

operduplex：unknown

adminspeed：auto

operspeed：unknown

flowcontroladminstatus：auto

flowcontroloperstatus：off

priority：auto

3.2　二层交换机划分 VLAN

VLAN 是指在交换局域网的基础上，采用网络管理软件构建的可跨越不同网段、不同网络的端到端的逻辑网络。一个 VLAN 组成一个逻辑子网，即一个逻辑广播域，可以覆盖多个网络设备，允许处于不同地理位置的网络用户加入到一个逻辑子网中。VLAN 是一种比较新的技术，工作在 OSI 参考模型的第二层和第三层，VLAN 之间的通信是通过第 3 层的路由器来完成的。

3.2.1　VLAN 的分类

根据划分方式的不同，可以将 VLAN 分为不同类型，最常见的 VLAN 类型如下。

（1）基于端口划分。根据交换机的端口编号来划分 VLAN。通过交换机的每个端口配置不同的 PVID，将不同端口划分到 VLAN 中。初始情况下，X7 系列交换机的端口处于 VLAN 1 中。此方法配置简单，但是当主机移动位置时，需要重新配置 VLAN。

（2）基于 MAC 地址划分。根据主机网卡的 MAC 地址划分 VLAN。此划分方法需要网络管理员提前配置网络中的主机 MAC 地址和 VLAN ID 的映射关系。如果交换机收到不带标签的数据帧，会查找之前配置的 MAC 地址和 VLAN 映射表，根据数据帧中携带的 MAC 地址来添加相应的 VLAN 标签。在使用此方法配置 VLAN 时，即使主机移动位置也不需要重新配置 VLAN。

（3）基于 IP 子网划分。交换机在收到不带标签的数据帧时，根据报文携带的 IP 地址给数据帧添加 VLAN 标签。

（4）基于协议划分。根据数据帧的协议类型（或协议族类型）、封装格式来分配 VLAN ID。网络管理员需要首先配置协议类型和 VLAN ID 之间的映射关系。

（5）基于策略划分。使用几个条件的组合来分配 VLAN 标签。这些条件包括 IP 子网、端口和 IP 地址等。只有当所有条件都匹配时，交换机才为数据帧添加 VLAN 标签。另外，针对每一条策略都是需要手工配置的。

3.2.2　VLAN 的实现机制

首先，在一台未设置任何 VLAN 的二层交换机上，任何广播帧都会被转发给除接收端口外的所有其他端口（flooding）。例如，计算机 A 发送广播信息后，会被转发给端口 2、3、4，如图 3-4 所示。

这时如果在交换机上生成红、蓝两个 VLAN，那么设置端口 1、2 属于红色 VLAN、端口 3、4 属于蓝色 VLAN。再从计算机 A 发出广播帧的话，交换机只会转发给同属于一个 VLAN 的其他端口，也就是同属于红色 VLAN 的端口 2，不会再转发给属于蓝色 VLAN 的端口。同样，计算机 C 发送广播信息时，只会被转发给其他属于蓝色 VLAN 的端口，不会被转发给属于红色 VLAN 的端口。

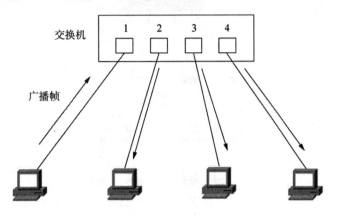

图 3-4　转发到其他端口

VLAN 通过限制广播帧转发的范围分割了广播域。在图 3-5 中，为了便于说明，以红、蓝两色识别不同的 VLAN，在实际使用中则是用"VLAN ID"来区分的。

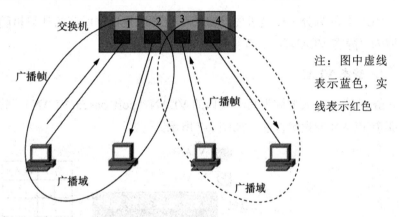

图 3-5　只转发到同一个 VLAN 的其他端口

如果要直观地描述 VLAN，可以理解为将一台交换机在逻辑上分割成了数台交换机。在一台交换机上生成红、蓝两个 VLAN，也可以看作是将一台交换机换作一红一蓝两台虚拟的交换机，如图 3-6 所示。

在红、蓝两个 VLAN 之外生成新的 VLAN 时，可以想象成又添加了新的交换机。但是 VLAN 生成的逻辑上的交换机是互不相通的。因此，在交换机上设置 VLAN 后，如果未做其他处理，VLAN 间是无法通信的。这是 VLAN 方便易用的特征，也是使 VLAN 令人难以理解的原因。

VLAN 间的通信也需要路由器提供中继服务，被称作"VLAN 间路由"。因为 VLAN 是广播域，而通常两个广播域之间由路由器连接，所以广播域之间来往的数据包都是由路由器中继的。

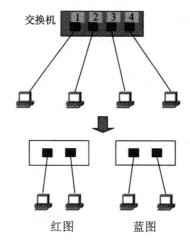

图 3-6　将一台交换机在逻辑上分割成了数台交换机

3.2.3　VLAN 的划分方法

VLAN 的划分可以是事先固定的，也可以是根据所连的计算机随动态改变设定。前者被称为"静态 VLAN"，后者被称为"动态 VLAN"。

1.　静态 VLAN

静态 VLAN 又被称为基于端口的 VLAN（port based VLAN），就是明确指定各端口属于哪个 VLAN 的设定方法，如图 3-7 所示。

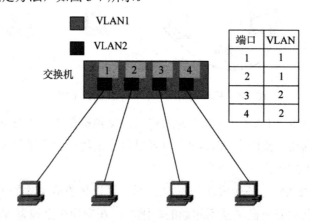

图 3-7　将交换机的每个端口静态指派给 VLAN

由于需要一个个端口地指定，因此当网络中的计算机数目超过一定数字（比如数百台）后，设定操作就会变得复杂，并且客户机每次变更所连端口，都必须同时更改该端口所属 VLAN 的设定，这显然不适合需要频繁改变拓扑结构的网络。现在所实现的 VLAN 配置都是基于端口的配置，因为只是支持二层交换，端口数目有限，一般为 4 和 8 个端口，并且只是对于一台交换机的配置，手动配置换算较为方便。

2. 动态 VLAN

动态 VLAN 则是根据每个端口所连的计算机，随时改变端口所属的 VLAN。这就可以避免更改设定之类的操作，动态 VLAN 分为以下三类。

> 基于 MAC 地址的 VLAN（MAC based VLAN）。
> 基于子网的 VLAN（subnet based VLAN）。
> 基于用户的 VLAN（user based VLAN）。

其间的差异主要在于根据 OSI 参照模型哪一层的信息决定端口所属的 VLAN。 基于 MAC 地址的 VLAN，就是通过查询并记录端口所连计算机上网卡的 MAC 地址来决定端口的所属。假定有一个 MAC 地址"A"被交换机设定为属于 VLAN 10，那么不论 MAC 地址为"A"的这台计算机连在交换机哪个端口，该端口都会被划分到 VLAN 10 中去。计算机连在端口 1 时，端口 1 属于 VLAN 10；而计算机连在端口 2 时，则端口 2 属于 VLAN 10。由于是基于 MAC 地址决定所属 VLAN 的，因此可以理解为这是一种在 OSI 的第二层设定访问链接的办法。但基于 MAC 地址的 VLAN，在设定时须调查所连接的所有计算机的 MAC 地址并加以登录，而且如果计算机交换了网卡，还是需要更改设定。查出 MAC 地址并正确指定端口所属的 VLAN，如图 3-8 所示。

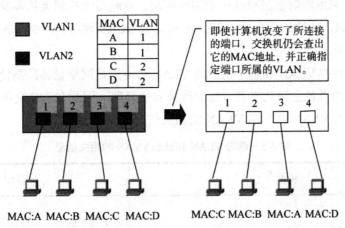

图 3-8　查出 MAC 地址并正确指定端口所属的 VLAN

基于子网的 VLAN 是通过所连计算机的 IP 地址来决定端口所属 VLAN 的。即使计算机因为交换了网卡或是其他原因导致 MAC 地址改变，只要 IP 地址不变，就可以加入原先设定的 VLAN，如图 3-9 所示。

与基于 MAC 地址的 VLAN 相比，能够更为简便地改变网络结构。IP 地址是 OSI 参照模型中第三层的信息，可以理解为基于子网的 VLAN 是一种在 OSI 的第三层设定访问链接的方法。一般路由器与三层交换机都使用基于子网的方法划分 VLAN。

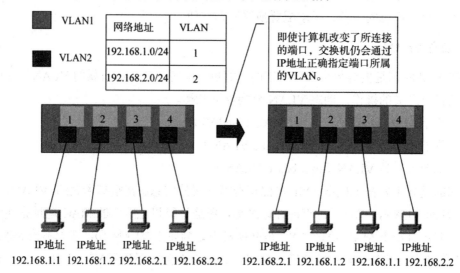

图 3-9 通过 IP 地址正确指定端口所属的 VLAN

基于用户的 VLAN，则是根据交换机各端口所连的计算机上当前登录的用户来决定该端口属于哪个 VLAN。这里的用户识别信息，一般是计算机操作系统登录的用户。比如可以是 Windows 域中使用的用户名。这些用户名信息，属于 OSI 第四层以上的信息。决定端口所属 VLAN 时利用的信息在 OSI 中的层面越高，就越适于构建灵活多变的网络。

综上所述，VLAN 的划分有静态 VLAN 和动态 VLAN 两种，其中动态 VLAN 又可以继续细分成几个小类。

其中基于子网的 VLAN 和基于用户的 VLAN 有可能是网络设备厂商使用独有的协议实现的，不同厂商的设备之间互连有可能出现兼容性问题。因此在选择交换机时，一定要注意事先确认。静态 VLAN 和动态 VLAN 的相关信息如表 3-5 所示。

表 3-5 静态 VLAN 和动态 VLAN 的相关信息

种类		说明
静态 VLAN （基于端口的 VLAN）		将交换机的各端口固定指派给 VLAN
动态 VLAN	基于 MAC 地址的 VLAN	根据各端口所连计算机的 MAC 地址设定
	基于子网的 VLAN	根据各端口所连计算机的 IP 地址设定
	基于用户的 VLAN	根据端口所连计算机上登录用户设定

就目前来说，对于 VLAN 的划分主要采取上述基于端口的 VLAN 和基于子网的 VLAN

两种，而基于 MAC 地址和基于用户的 VLAN 一般作为辅助性配置使用。

3.2.4　VLAN 帧结构

在交换机的汇聚链接上，可以通过对数据帧附加 VLAN 信息，构建跨越多台交换机的 VLAN。附加 VLAN 信息的方法，最具有代表性的有 IEEE802.1Q 和 ISL 两种。

1. IEEE802.1Q

IEEE802.1Q，俗称"dot one Q"，是经过 IEEE 认证的对数据帧附加 VLAN 识别信息的协议，如图 3-10 所示。

IEEE802.1Q 所附加的 VLAN 识别信息位于数据帧中，"发送源 MAC 地址"与"类别域（type field）"之间。具体内容为 2 字节的 TPID 和 2 字节的 TCI，共计 4 字节。 在数据帧中添加了 4 字节的内容，那么 CRC 值自然也会有所变化。这时数据帧上的 CRC 是插入 TPID、TCI 后，对包括在内的整个数据帧重新计算后所得的值。

基于 IEEE802.1Q 附加的 VLAN 信息，就像在传递物品时附加的标签。因此，也被称作"标签型 VLAN（tagging VLAN）"。

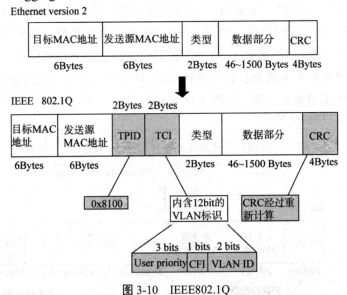

图 3-10　IEEE802.1Q

（1）TPID。TPID（tag protocol identifier）是 IEEE 定义的新的类型，表明这是一个加了 802.1Q 标签的帧。TPID 包含了一个固定的值 0X8100。

（2）TCI。TCI（tag control information）包括用户优先级（user priority）、规范格式指示器（canonical format indicator）和 VLAN ID。

> ➤ user priority: 该字段为 3-bit，用于定义用户优先级，总共有 8 个（2 的 3 次方）优先级别。IEEE 802.1P 为 3 比特的用户优先级位定义了操作。最高优先级为 7，应

用于关键性网络流量，如路由选择信息协议（RIP）和开放最短路径优先（OSPF）协议的路由表更新。优先级 6 和 5 主要用于延迟敏感（delay-sensitive）应用程序，如交互式视频和语音。优先级 4 到 1 主要用于受控负载（controlled-load）应用程序，如流式多媒体（streaming multimedia）和关键性业务流量（business-critical traffic）。例如，SAP 数据和"loss eligible"流量。优先级 0 是缺省值，并在没有设置其他优先级值的情况下自动启用。

➤ CFI：CFI 值为 0 说明是规范格式，1 为非规范格式。被用在令牌环/源路由 FDDI 介质访问方法中来指示封装帧中所带地址的比特次序信息。

➤ VLAN ID：该字段为 12-bit，VLAN ID 是对 VLAN 的识别字段，在标准 802.1Q 中常被使用。支持 4 096（2 的 12 次方）VLAN 的识别。在 4 096 可能的 VID 中，VID = 0 用于识别帧优先级。4 095（FFF）作为预留值，所以 VLAN 配置的最大可能值为 4 094，有效的 VLAN ID 范围一般为 1 ~ 4 094。

2. ISL

ISL（inter switch link）是 cisco 产品支持的一种与 IEEE802.1Q 类似的，用于在汇聚链路上附加 VLAN 信息的协议。使用 ISL 后，每个数据帧头部都会被附加 26 字节的"ISL 包头（ISL header）"，并且在帧尾带上通过对包括 ISL 包头在内的整个数据帧进行计算后得到的 4 字节 CRC 值，就是总共增加了 30 字节的信息。在使用 ISL 的环境下，当数据帧离开汇聚链路时，只要简单地去除 ISL 包头和新 CRC 就可以。由于原先的数据帧及其 CRC 都被完整保留，因此无须重新计算，如图 3-11 所示。

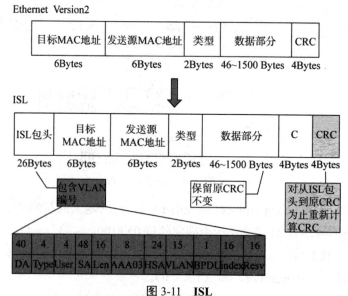

图 3-11 ISL

➤ DA：40 位组播目标地址，包括一个广播地址 0X01000C0000 或者是 0X03000C0000。

- type: 各种封装帧[ethernet（0000）、token ring（0001）、FDDI（0010）和 ATM（0011）]的 4 位描述符。
- user: type 字段使用的 4 位描述符扩展或定义 ethernet 优先级。该二进制值从最低优先级开始 0 到最高优先级 3。
- SA: 传输 catalyst 交换机中使用的 48 位源 MAC 地址。
- LEN: 16 位帧长描述符减去 DA、type、user、SA、LEN 和 CRC 字段。
- AAAA03: 标准 SNAP 802.2 LLC 头。
- HAS: SA 的前 3 字节（厂商的 ID 或组织唯一 ID）。
- VLAN: 15 位 VLAN ID。低 10 位用于 1 024 VLAN。
- BPDU: 1 位描述符，识别帧是否是生成树网桥协议数据单元（BPDU）。如果封装帧为思科发现协议（CDP）帧，也需设置该字段。
- INDEX: 16 位描述符，识别传输端口 ID，用于诊断差错。
- RES: 16 位预留字段，应用于其他信息，如令牌环和分布式光纤数据接口帧（FDDI），帧校验（FC）字段。
- ISL 帧最大为 1548 bytes，iSL 包头 26+1518+4=1 548

ISL 用 ISL 包头和新 CRC 将原数据帧整个包裹起来，也被称为"封装型 VLAN（encapsulated VLAN）"。需要注意的是，不论是 IEEE802.1Q 的"tagging VLAN"，还是 ISL 的"encapsulated VLAN"，都不是很严谨的称谓。不同的书籍与参考资料中，上述词语有可能被混合使用，因此需要读者在学习时格外注意，并且由于 ISL 是 cisco 独有的协议，因此只能用于 cisco 网络设备之间的互联。

3. IEEE 802.Q 和 ISL 的异同

IEEE 相同点：都是显式标记，即帧被显式标记了 VLAN 的信息。

IEEE 不同点：IEEE 802.1Q 是公有的标记方式，ISL 是 cisco 私有的。ISL 采用外部标记的方法，802.1Q 采用内部标记的方法；ISL 标记的长度为 30 字节，IEEE 802.1Q 标记的长度为 4 字节。

3.2.5　VTP

VLAN 中继协议（VLAN trunking protocol，VTP）是 cisco 专用协议，大多数交换机都支持该协议。VTP 负责在 VTP 域内同步 VLAN 信息，这样就不必在每个交换上配置相同的 VLAN 信息，VTP 还提供一种映射方案，以便通信流能跨越混合介质的骨干。VTP 也有一些缺点，这些缺点通常与生成树协议有关。

1. VTP 协议的作用

VLAN 中继协议（VTP）利用第 2 层中继帧，在一组交换机之间进行 VLAN 通信。VTP 从一个中心控制点开始，维护整个企业网上 VLAN 的添加和重命名工作，确认配置的一致性。VTP 最重要的作用是将进行变动时可能会出现的配置不一致性降至最低。

2. VTP 的优点

通常，VTP 的优点主要有以下几个。

（1）保持配置的一致性。

（2）提供跨不同介质类型，如 ATM 、FDDI 和以太网配置，虚拟局域网的方法。

（3）提供跟踪和监视虚拟局域网的方法。

（4）提供检测加到另一个交换机上的虚拟局域的方法。

（5）提供从一个交换机在整个管理域中增加虚拟局域网的方法。

3. VTP 的工作原理

VTP 是一种消息协议，使用第 2 层帧，可以用 VTP 管理网络中 VLAN 1 到 1 005。

有了 VTP，就可以在一台交换机上集中进行配置变更，所做的变更会被自动传播到网络中所有其他的交换机上管理。（前提是在同一个 VTP 域）

为了实现此功能，必须先建立一个 VTP 管理域，使其能管理网络上当前的 VLAN，在同一管理域中的交换机共享 VLAN 信息。同时，一个交换机只能参加到一个 VTP 管理域，不同域中的交换机不能共享 VTP 信息。通常交换机交换如下信息。

（1）管理域域名。

（2）配置的修订号。

（3）已知虚拟局域网的配置信息。

交换机使用配置修正号来决定当前交换机的内部数据是否应该接受从其他交换机发来的 VTP 更新信息。如果接收到的 VTP 更新配置修订号与内部数据库的修订号相同域者比它小，交换机忽略更新。否则更新内部数据库，接受更新信息。

VTP 管理域在安全模式下，必须配置一个在 VTP 域中所有交换机唯一的口令。VTP 的运行有如下几个特点。

（1）VTP 通过发送到特定 MAC 地址 01－00－0C－CC－CC－CC 的组播 VTP 消息进行工作。

（2）VTP 通告只通过中继端口传递。

（3）VTP 消息通过 VLAN 1 传送。（这就是不能将 VLAN 1 从中继链路中去除的原因）

（4）在经过了 DTP 自动协商，启动中继后，VTP 信息就可以沿着中继链路传送。

（5）VTP 域内的每台交换机都定期在每个中继端口上发送通告。

4. VTP 域

VTP 域，也称 VLAN 管理域，由一个以上共享 VTP 域名的相互连接的交换机组成。要使用 VTP，就必须为每台交换机指定 VTP 域名。VTP 信息只能在 VTP 域内保持，一台交换机属于并且只属于一个 VTP 域。

缺省情况下，catalyst 交换机处于 VTP 服务器模式，并且不属于任何管理域。直到交换机通过中继链路接收了关于一个域的通告，或者在交换机上配置了一个 VLAN 管理域，交换机才能在 VTP 服务器上把创建或者更改 VLAN 的消息通告给本管理域内的其他交换机。如果在 VTP 服务器上进行 VLAN 配置变更，所做的修改会传播到 VTP 域内的所有交换机上。如果交换机配置为"透明"模式，可以创建或者修改 VLAN，但所做的修改只影响单个交换机。

控制 VTP 功能的一项关键参数是 VTP 配置修改编号。这个 32 位的数字表明了 VTP 配置的特定修改版本。配置修改编号的取值从 0 开始，每修改一次，就增加 1 直到达到 4 294 967 295，然后循环归 0，并重新开始增加。每个 VTP 设备会记录自己的 VTP 配置修改编号；VTP 数据包会包含发送者的 VTP 配置修改编号。这一信息用于确定接收到的信息是否比当前的信息更新。

要将交换机的配置修改号置为 0，只需要禁中继，改变 VTP 的名称，并再次启用中继。VTP 域的要求有以下几个。

（1）域内的每台交换机必须使用相同的 VTP 域名，不论是通过配置实现，还是由交换机实现。

（2）catalyst 交换机必须是相邻的。这意味着 VTP 域内的所有交换机形成了一颗相互连接的树，每台交换机都通过这棵树与其他交换机相互连接。

（3）在所有的交换机之间，必须启用中继。

5. VTP 的运行模式

VTP 模式有以下三种。

（1）服务器模式（server 缺省）。VTP 服务器控制所在域中 VALN 的生成和修改。所有的 VTP 信息都被通告在本域中的其他交换机。而且所有 VTP 信息都是被其他交换机同步接收的。

（2）客户机模式（client）。VTP 客户机不允许管理员创建、修改或删除 VLAN。监听本域中其他交换机的 VTP 通告，并相应修改 VTP 配置情况。

（3）透明模式（transparent）。VTP 透明模式中的交换机不参与 VTP。当交换机处于透明模式时，不通告其 VLAN 配置信息。而且 VLAN 数据库更新与收到的通告也不保持同步，但可以创建和删除本地的 VLAN。不过 VLAN 的变更不会传播到其他任何交换机上。

VTP 的各种运行模式的状态如表 3-6 所示。

表 3-6　VTP 的各种运行模式的状态

功能	服务器模式	客户端模式	透明模式
提供 VTP 消息	√	√	×
监听 VTP 消息	√	√	×
修改 VLAN	√	×	√（本地有效）
记住 VLAN	√	在不同的版本 有不同的结果	√（本地有效）

6. VTP 的通告

当使用 VTP 时，加入 VTP 域的每台交换机在其中继端口上通告如下信息。

（1）管理域。

（2）配置版本号。

（3）所知道的 VLAN。

（4）每个已知 VLAN 的某些参数。

这些通告数据帧被发送到一个多点广播地址（组播地址），以使所有相邻设备都能收到这些帧。新的 VLAN 必须在管理域内的一台服务器模式的交换机上创建和配置。该信息可被同一管理域中所有其他设备学到，VTP 帧是作为一种特殊的帧发送到中继链路上的。

VTP 通告有以下两种类型。

（1）来自客户机的请求，由客户机在启动时发出，用以获取信息。

（2）来自服务器的响应。

VTP 通告信息有以下三种类型。

（1）来自客户机的通告请求。

（2）汇总通告。

（3）子集通告。

VTP 通告中包含如下几方面信息。

（1）管理域名称。

（2）配置版本号。

（3）MD5 摘要。当配置了口令后，MD5 是与 VTP 一起发送的口令。如果口令不匹配，更新将被忽略。

（4）更新者身份。发送 VTP 汇总通告的交换机身份。

VTP 通告处理以配置修订号 0 为起点。每当随后的字段变更一项时，这个修订号就加 1，直到 VTP 通告被发送出去为止。

VTP 修订号存储在 nvram 中，交换机的电源开关不会改变这个设定值。要将修订号初始化为 0，可以用下列方法。

（1）将交换机 VTP 的模式更改为透明模式，然后再改为服务器模式。

（2）将交换机 VTP 的域名更改一次，再更改回原来的域名。

（3）使用 clear config all 命令，清除交换机的配置和 VTP 信息，再次启动。

7. VTP 域内安全

为了使管理域更安全，域中每个交换机都需要配置域名和口令，并且域名和口令必须相同。

例如将 TEST 管理域设置为安全管理域。

进入配置模式：

switch#configure terminal

配置 VTP 域名：

switch（config）#vtp domain test

配置 VTP 运行模式：

switch（config）#vtp mode server

配置 VTP 口令：

switch（config）#vtp password mypassword

返回到特权模式：

switch（config）#end

查看 VTP 配置：

switch（config）#show vtp status

删除 VTP 管理域中的口令，恢复到缺省状态

switch（config）#no vtp password

8. VTP 修剪

VTP 修剪（VTP pruning）是 VTP 的一个功能，能减少中继端口上不必要的信息量。在 cisco 交换上，VTP 修剪功能缺省是关闭的。在缺省情况下，发给某个 VLAN 的广播会送到每一个在中继链路上承载该 VLAN 的交换机上。即使交换机上没有位于那个 VLAN 的端口也是如此。VTP 通过修剪来减少没有必要扩散的通信量，进而提高中继链路的带宽利用率。

9. VTP 的版本

在 VTP 管理域中，有两个 VTP 版本可供采用，cisco catalyst 型交换机既可运行版本 1，也可运行版本 2。但是在一个管理域中，这两个版本不可相互操作。因此，在同一个 VTP 域中，每台交换机必须配置相同的 VTP 版本。交换机上默认的版本协议是 VTP 版本 1。如果要在域中使用版本 2，只要在一台服务器模式交换机配置 VTP 版本 2 就可以了。

VTP 版本 2 增加了版本 1 所没有的如下主要功能。

（1）与版本相关的透明的模式：在 VTP 版本 1 中，一个 VTP 透明模式的交换机在用 VTP 转发信息给其他交换机时，先检查 VTP 版本号和域名是否与本机相匹配，匹配才转发该消息。VTP 版本 2 在转发信息时，不检查版本号和域名。

（2）令牌环支持：VTP 版本 2 支持令牌环交换和令牌环 VLAN，这个是 VTP 版本 2 和版本 1 的最大区别。

设置 VTP 版本 2 的步骤如下。

进入全局配置模式：

switch#config terminal

switch（config）#vtp version 2

switch（config）#end

switch#show vtp status

10. VTP 如何在域内增加、减少交换机

（1）增加交换机。VTP 域是由多台共享同一 VTP 域名的互连设备组成的。交换机只能属于某个 VTP 域内，各个交换机上的 VLAN 信息是通过交换机互连中继端口进行传播的。要把一个交换机加入到一个 VTP 域内，可以使用 vtp domain domain-name。

当一个新交换机配置了 VTP 的域和服务器模式后，交换机每隔 300 秒，或者每当 VLAN 结构发生变化时，就会通告一次。将新的交换机添加到域中，一定要保证该交换机的修订号已经为 0。VTP 修订号存储在 nvram 中，交换机的电源开关不会改变这个设定值，可以使用下列方法。

➢ 将交换机的 VTP 模式变到透明模式，然后再变回服务器模式。

➢ 将交换机的域名修改为其他的域名（一个不存在的域），然后再回到原来的域名。

➢ 使用 erase startup-config 或 erase nvram 命令，清除交换机的配置和 VTP 信息，再次启动。

（2）删除交换机。要从管理域中删除交换机，只要在交换机上删除 VTP 域名的配置，或者将交换配置为透明模式，即可让这个交换机脱离该 VTP 管理域。

11. 配置 VTP

在开始配置 VTP 和 VLAN 之前，必须做如下规划。

➢ 确定将在网络中运行的 VTP 版本。

➢ 决定交换机是成为已有管理域的成员，还是另外成为一个新的管理域，如果要加入到已有的管理域中，则确定它的名称和口令。

➢ 为交换机选择一个 VTP 的工作模式。

➢ 是否利用启用修剪功能。

2 950 缺省配置有：

➢ VTP 域名：空。

➢ VTP 模式：server 服务器模式。

➢ VTP 版本 2：禁用。

➢ VTP 认证：空，未启用。

➢ VTP 修剪：未启用。

（1）创立 VTP 域和配置模式。

创立 VTP 域：

switch（config）#vtp domain domina-name

创立或加入一个管理域，使用下面步骤。

①进入全局配置模式：

switch#config terminal

②加入到某个管理域：

switch（config）#vtp domain test

③返回特权模式：

switch（config）#end

域名长度可达 32 字符，口令可达 64 字符。至少应该有一台交换机被设置为服务器模式。一台交换机不想与网络中的其他交换机共享 VLAN 信息，可以设置为透明模式。

在现实工作中，建议至少将两台核心交换机设置为 VTP 服务器模式，而将其他交换机设置为 VTP 客户机模式。如果交换机掉电，重启后可以从服务器处获得有效的 VLAN 信息。

配置 VTP 服务器：

switch（config）#vtp domain domain-name

switch（config）#vtp mode server

switch#show vtp status

配置 VTP 客户端：

switch（config）#vtp domain domain-name

switch（config）#vtp mode client

switch（config）#exit

配置 VTP 透明模式：

switch（config）#vtp domain domain-name

switch（config）#vtp mode transparent

switch（config）#exit

（2）VTP 域内的安全、修剪、版本的设置。

①VTP 口令的配置

switch（config）#vtp password mypassword

switch（config）#no vtp password（删除）

②VTP 修剪

➢ 启动 VTP 修剪

在缺省情况下，在基于 IOS 交换机的中继商品上，vlan 2～1001 都是可修剪的。要在管理域内启动修剪。

switch（config）#vtp pruning

➢ 从可修剪列表中去除某 VLAN

switchport trunk pruning vlan remove vlan-id

用逗号分隔不连续的 VLAN ID，其间不要有空格，用短线表明一个 ID 范围。

例如去除 VLAN2、3、4、6、8 命令如下：

switchport trunk pruning remove 2-4,6,8

➢ 检查 VTP 修剪的配置

要检查 VTP 修剪的配置，可以使用命令：

show vtp status 和 show interface interface-id switchport

例 1：配置 VTP 修剪

switch#config terminal

switch（config）#vtp pruning

switch（config）#exit

switch#show vtp status

VTP pruning mode：enable（表明修剪已经启动）

例 2：关闭指定的 VLAN 修剪

switch#show interface fa0/3 switchport

trunking vlans active：1-4,6,7,200（说明了在该中继链路上可传输哪些 VLAN 的数据）

pruning vlans enable：2-1001（说明了该商品上启用了 VTP 修剪的 VLAN 列表）

switch#config t

switch（config）#interface fa0/3

switch（config-if）#switchport trunk pruning remove vlan　2 3 7

switch（config-if）#end

switch#show interface fa0/3 switchport

trunking vlans active：1-4,6,7,200

pruning vlans enable ：4-6,8-1001

例 3：在管理域中关闭 VTP 修剪

switch#config t

switch（config）#no vtp pruning

switch#show vtp status

vtp pruning mode：disabled（修剪已关闭）

<3>VTP 版本设置

switch（config）#vtp version 2（配置为版本 2）

switch（config）#no vtp version 2（回到版本 1）

switch#show vtp terminal

VTP V2 mode：enable

只有在 VTP 服务器模式下才能变更 VTP 版本。

（3）在 VTP 域内增加、减少交换机的配置方法。

①增加交换机。新加入的交换机的 VTP 配置号比所要加入的域中原来的 VTP 服务器上的配置号要低。

添加过程：

➤　清除配置：（或其他的方法）

switch（config）#erase startup-config

switch（config）#end

switch#reload

➤　配置 VTP 运行模式：

switch（config）#vtp domain test

➤　配置 VTP 运行模式：

switch（config）#vtp mode server

switch（config）#end

switch#show vtp status

②减少交换机：

switch（config）#vtp domain test-a

switch（config）#end

switch#show vtp status

3.2.6　VLAN 访问链接模式

1. VLAN 的几个重要概念

（1）PVID：port VLAN ID，指端口的缺省 VLAN ID。hybrid 端口和 trunk 端口属于多个 VLAN，所以需要设置缺省 VLAN ID。在缺省情况下，hybrid 端口和 trunk 端口的缺省 VLAN 为 VLAN 1。PVID 主要有两个作用：第一对于接收到的 UNTAG 包则添加本端口的 PVID 再进行转发；第二是接收过滤作用，比如只接收等于 PVID 的 VLAN TAG 包。

（2）VLAN ID：VLAN TAG 包的 VLAN ID 号，IEEE 有效范围是 1～4 094。0 和 4 095 都为协议保留值，VLAN ID 0 表示不属于任何 VLAN，但携带 IEEE802.1Q 的优先级标签，所以一般被称为 priority-only frame。一般作为系统使用，用户不可使用和删除。1 为系统默认 VLAN，即 native VLAN；2～1 001 是普通的 VLAN；1 006-1 024 保留仅系统使用，用户不能查看和使用；1 002-1 005 是支持 fddi 和令牌环的 VLAN ；1 025～4 095 是扩展的 VLAN。cisco 的专有协议 isl，相比之下仅支持的 VLAN 数目比较少，仅为 1～1 005。

（3）VLAN 表：配置 VLAN 的信息表，表示交换机的各个端口所属的 VLAN ID，当交换机进行交换数据时查看该表进行业务转发。VLAN 表的容量一般支持 1-32 个 VLAN ID。VLAN 表，如表 3-7 所示。

表 3-7　VLAN 表

VLAN ID	端口号
1	1
1	2
2	3
2	4

- ➢ UNTAG 包：指不携带 IEEE802.1Q 信息的普通以太网包。
- ➢ TAG 包：指携带 4 字节 IEEE802.1Q 信息的 VLAN 以太网包。
- ➢ priority-only 包：指 VLAN ID 为 0，优先级为 0～7 的以太网包。一般用于要求高优先级的重要报文使用，当端口发生拥塞时使其能够优先转发。
- ➢ VLAN 间路由：指 VLAN 间能够互相通信。一般是由路由器和三层交换机实现 VLAN 间互通，通过 IP 网段来实现 VLAN 间的互通。当使能 VLAN 间路由后，ARP 广播包、多播包，以及单播包都能够在 VLAN 间互相通信。

2. 交换机的端口

交换机的端口分为访问链接（access link）、汇聚链接（trunk link）和混合链接（hybrid link）三种。端口模式主要是指在输入输出端口对 VLAN 数据包的处理。即在输入端口是 admit all frames 还是 admit only VLAN tagged frames；是 only frames that share a VID assigned to this bridge port are admitted 还是 all frames are forwarded；在输出端口输出数据包类型是 tagged frames 还是 untagged frames。不同的端口模式对数据包的处理不同。

（1）access 端口。access 即用户接入端口，该类型端口只能属于 1 个 VLAN，一般用于连接计算机的端口。

收端口：收到 untagged frame，加上端口的 PVID 和 default priority 再进行交换转发。对于 tagged frame，不论 VID=PVID，还是 VID\=PVID，有的厂家是直接丢弃，而有的厂家是能够接收 VID=PVID 的 TAG 包。一般 access 端口只接收 untagged frame，部分产品可能接收 tagged frame，REOP、ES011、E4114 等都接收 VID=PVID 的 TAG 端口包。

发报文：对于 VID=PVID 的 tagged frame 去除标签并进行转发；对于 VID\=PVID 的数据包丢弃不进行转发，untagged frame 则无此情况。REOP、ES011、E4114 对于 VID=PVID 或 VID\=PVID 的 tagged frame 都进行转发处理。

注意：删除标签是指删除 4 字节的 VLAN 标签，并且 CRC 经过重新计算。

（2）trunk 端口。当需要设置跨越多台交换机的 VLAN 时，则需要设置 TRUNK 功能。在规划企业级网络时，很有可能会遇到隶属于同一部门的用户分散在同一座建筑物中的不同楼层的情况，这时可能就需要考虑到如何跨越多台交换机设置 VLAN 的问题了。假设有如图 3-12 所示的网络，需要将不同楼层的 A、C 和 B、D 设置为同一个 VLAN。

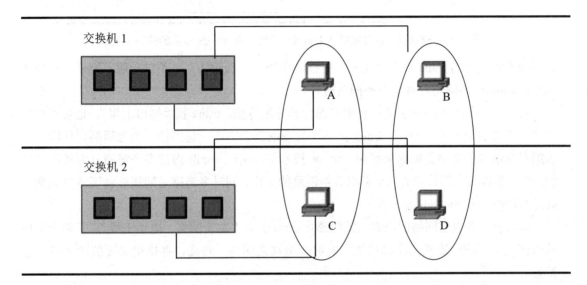

图 3-12 将不同楼层的 A、C 和 B、D 设置为同一个 VLAN

这时最关键的就是"交换机 1 和交换机 2 如何连接"。最简单的方法，就是在交换机 1 和交换机 2 上各设一个红、蓝 VLAN 专用的接口并互联，如图 3-13 所示。

这个办法从扩展性和管理效率上来说都不可行。例如，在现有网络基础上再新建 VLAN 时，为了让这个 VLAN 能够互通，就需要在交换机间连接新的网线。建筑物楼层间的纵向布线是比较麻烦的，一般不能由基层管理人员随意进行。并且 VLAN 越多，楼层间（严格地说是交换机间）互联所需的端口也越来越多，交换机端口的利用效率低也是对资源的一种浪费，同时还限制了网络的扩展。为了避免这种低效率的连接方式，人们想办法让交换机间互联的网线集中到一根上，这时使用汇聚链接（trunk link）。

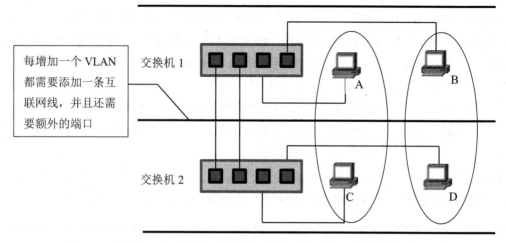

图 3-13 交换机 1 和交换机 2 上各设一个红、蓝 VLAN 专用的接口并互联

技术领域中的 trunk 译为"主干、干线、中继线、长途线"。不过一般不翻译,直接用原文。trunk 在不同场合有如下不同的解释。

第一种:在网络的分层结构和宽带的合理分配方面,trunk 指"端口汇聚",是带宽扩展和链路备份的一个重要途径。trunk 把多个物理端口捆绑在一起当作一个逻辑端口使用,可以把多组端口的宽带叠加起来使用。trunk 技术可以实现 trunk 内部多条链路互为备份的功能。当一条链路出现故障时,不影响其他链路的工作,同时多链路之间还能实现流量均衡,就像打印机池和 modem 池一样。

第二种:在电信网络的语音级的线路中,trunk 指"主干网络、电话干线",即两个交换局或交换机之间的连接电路或信道,能够在两端之间进行转接,并提供必要的信令和终端设备。

第三种:在最普遍的路由与交换领域,VLAN 的端口聚合也指 trunk,不过大多数都称为 trunking。

trunking,即汇聚端口,该类型端口可以属于多个 VLAN,可以接收和发送多个 VLAN 的报文,一般用于交换机之间或交换机与路由器之间连接的端口;汇聚链路上流通的数据帧,都被附加了用于识别分属于哪个 VLAN 的特殊信息。

用户只需要简单地将交换机间互联的端口设定为汇聚链接就可以。这时使用的网线还是普通的 utp 线,而不是其他的特殊布线。例如,汇聚链接实现跨越交换机间的 VLAN。A 发送的数据帧从交换机 1 经过汇聚链路到达交换机 2 时,在数据帧上附加了表示属于红色 VLAN 的标记。交换机 2 收到数据帧后,经过检查 VLAN 标识发现这个数据帧是属于红色 VLAN 的,因此去除标记后根据需要将复原的数据帧只转发给其他属于红色 VLAN 的端口。这时的转送是指经过确认目标 MAC 地址并与 MAC 地址列表比对后只转发给目标 MAC 地址所连的端口。只有当数据帧是一个广播帧、多播帧或是目标不明的帧时,才会被转发到所有属于红色 VLAN 的端口。蓝色 VLAN 发送数据帧时的情形也与此相同。汇聚链接实现跨越交换机间的 VLAN 如图 3-14 所示。

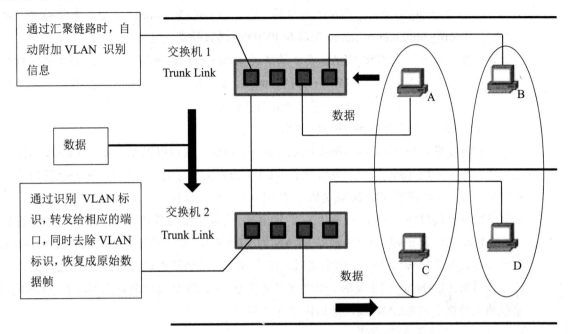

图 3-14　汇聚链接实现跨越交换机间的 VLAN

通过汇聚链路时附加的 VLAN 识别信息，有可能支持标准的"IEEE 802.1Q"协议，也可能是 cisco 产品独有的"ISL（inter switch link）"。如果交换机支持这些规格，那么用户就能够高效率地构筑横跨多台交换机的 VLAN。另外，汇聚链路上流通着多个 VLAN 的数据，自然负载较重。因此，在设定汇聚链接时，有一个前提就是必须支持 100 Mbps 以上的传输速度。

在默认条件下，汇聚链接会转发交换机上存在的所有 VLAN 的数据。换一个角度来看，可以认为汇聚链接（端口）同时属于交换机上所有的 VLAN。由于实际应用中很可能并不需要转发所有 VLAN 的数据，因此为了减轻交换机的负载、也为了减少对带宽的浪费，可以通过用户设定限制能够经由汇聚链路互联的 VLAN。

另外由于 trunk 端口属于多个 VLAN，因此需要设置缺省 VLAN ID 即 PVID（port VLAN ID）。在缺省情况下，trunk 端口的 PVID 为 VLAN 1。如果设置了端口的 PVID，当端口接收到不带 VLAN tag 的报文后，则加上端口的 PVID 并将报文转发到属于缺省 VLAN 的端口。当端口发送带有 VLAN tag 的报文时，如果该报文的 VLAN ID 与端口缺省的 VLAN ID 相同，则系统将去掉报文的 VLAN tag，然后再发送该报文。

（3）hybrid 端口。hybrid 即混合端口模式，该类型的端口可以属于多个 VLAN，可以接收和发送多个 VLAN 的报文，也可以用于交换机之间连接，交换机与路由器之间，还可以用于交换机与用户计算机的连接。hybrid 的输入输出端口对数据包的处理如下。

> 接收端口：同时都能够接收 VID=PVID 和 VID\=PVID 的 tagged frame，不改变 TAG。对于 untaged frame 则加上端口的 PVID 和 default priority 再进行交换转发，对于 priority only tagged frame 则添加 PVID 再进行转发。

> 发送端口：判断该 VLAN 在本端口的属性（disp interface 即可看到该端口对哪些 VLAN 是 untag， 哪些 VLAN 是 tag）。如果输入为 untag 包，则在输出端口剥离 VLAN 信息，再发送。如果是 tag 则直接发送。

（4）hybrid 端口和 trunk 端口的区别。

①hybrid 端口和 trunk 端口的不同之处在于：hybrid 端口可以允许多个 VLAN 的报文发送时不打标签；而 trunk 端口只允许缺省 VLAN 的报文发送时不打标签。access 端口只属于 1 个 VLAN，所以缺省 VLAN 就是所在的 VLAN，不用设置。

②hybrid 端口和 trunk 端口属于多个 VLAN，所以需要设置缺省 VLAN ID。在缺省情况下，hybrid 端口和 trunk 端口的缺省 VLAN 为 VLAN 1。如果设置了端口的缺省 VLAN ID，当端口接收到不带 VLAN tag 的报文后，则将报文转发到属于缺省 VLAN 的端口上。当端口发送带有 VLAN tag 的报文时，如果该报文的 VLAN ID 与端口缺省的 VLAN ID 相同，则系统将去掉报文的 VLAN tag，然后再发送该报文。

（5）端口实际处理方式。

hybrid   00   不加标签不去标签

tag   10   只加标签不去标签

ACCESS   01   只去标签不加标签同时入口过滤不等于 PVID 的包

PVID 设置范围 1～4 094，默认值为 1（0 为 vlanid=NULL，4095 保留）

端口实际处理方式如表 3-8 所示。

表 3-8　端口实际处理方式

模式	方向	条件	应该处理方式	是否支持	备注
access	（接收）	tagged = PVID	不接收	不支持	转发
access	（接收）	tagged =/ PVID	不接收	支持	设置过滤模式
access	（接收）	从 PC 接收 untagged	增加 tag＝PVID	支持	
access	发送	tagged = PVID	转发删除 tag	支持	
access	发送	tagged =/ PVID	不转发不处理	不支持	依然转发删除 tag，可设置路由表过滤
access	发送	untagged	无此情况		

（续表）

模式	方向	条件	应该处理方式	是否支持	备注
tag	（接收）	tagged = PVID	接收 不修改 tag	支持	
tag	（接收）	tagged =/ PVID	接收 不修改 tag	支持	
tag	（接收）	从 PC 接收 untagged	增加 tag＝PVID	支持	
tag	发送	tagged = PVID	路由表允许转发则删除 tag	不支持	依然透传，不会出 untag 包
tag	发送	tagged =/ PVID	路由表允许转发则不修改 tag	支持	
tag	发送	untagged	无此情况		
hybrid	（接收）	tagged = PVID	不修改 tag	支持	
hybrid	（接收）	tagged =/ PVID	不修改 tag	支持	
hybrid	（接收）	从 PC 接收 untagged	增加 tag＝PVID	支持	
hybrid	发送	tagged = PVID	路由表允许转发则删除 tag	不支持	
hybrid	发送	tagged =/ PVID	路由表允许转发则不修改 tag	支持	
hybrid	发送	untagged	进入端口为 untag,路由表允许转发则发送 untag	支持	支持 untag 包

3.2.7　VLAN 典型应用

1. 点对点传输模式 （常见模式）

用户四个端口使用 VLAN 隔离，分别提供不同的 Vlan 路由,实现点到点的以太网传输，LANx 间不传递以太网包。点对点传输模式如图 3-15 所示。

2. 多个 VLAN 混合传输模式

（1）点对点配置方式。端口使用 VLAN 模式，不同的 VLAN 分别提供相同的路由，实现点到点的以太网传输，VLANx 间靠其他的交换设备隔离，如图 3-16 所示。

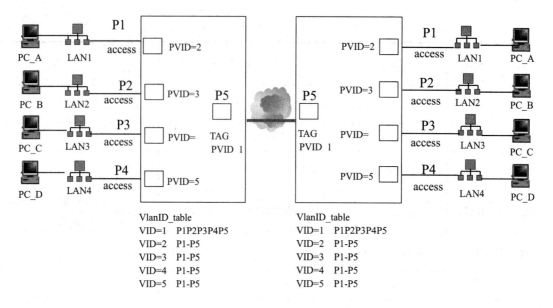

图 3-15　点对点传输模式

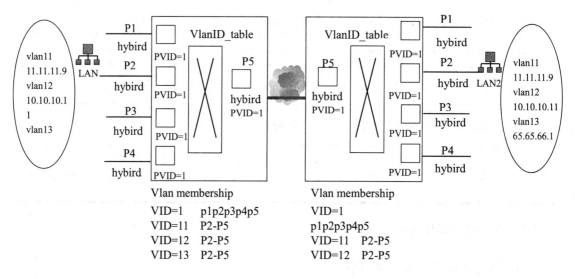

图 3-16　点对点配置方式

（2）混合配置方式（含 VLAN 关闭模式）。可以另外使用 VLAN 关闭模式，将 tag 和 untag 以太网包混合广播所有端口，实现点到点的以太网传输，VLANx 间靠其他的交换设备隔离，如图 3-17 所示。

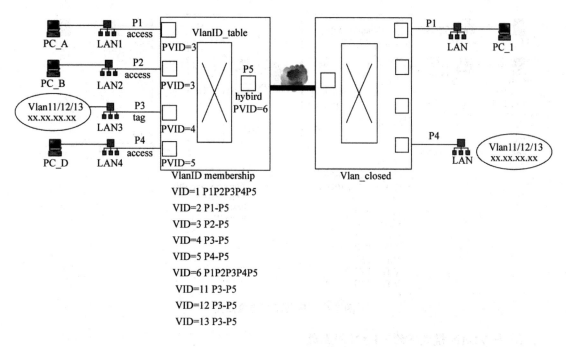

图 3-17 混合配置方式

（3）点对多点混合方式。端口使用 VLAN 模式，不同的 Vlan 提供不同的路由，实现点到点的以太网传输，VLANx 间靠其他的交换设备隔离，如图 3-18 所示。

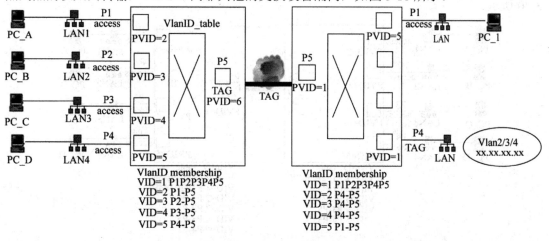

图 3-18 点对多点混合方式

3. 复杂混合传输模式

复杂混合传输模式（Vlan 打开+Vlan 关闭+端口映射），就是端口隔离模式加多点间混合传输。右侧交换端口使用 VLAN 关闭模式，同时配置端口隔离模式，使得 PC1 和 PC4 隔离，同时又可以和 pc_a/b/c 互通。原 VLAN 传输不变，如图 3-19 所示。

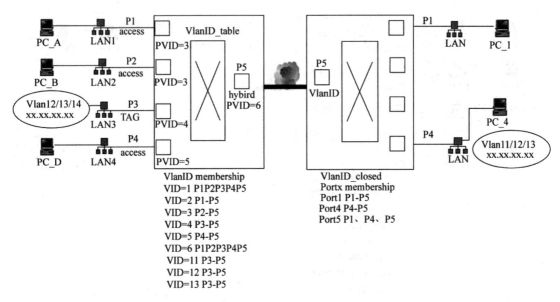

图 3-19 复杂混合传输模式

4. 多 VLAN 模式下的 VLAN 间互通

端口使用 VLAN 模式,不同的 Vlan 提供不同的路由,实现点到点的以太网传输,VLANx 间能够互相通信。 这时的单播包或者 ARP 包或者 IP 多播包都能够在 VLAN 间通信,如图 3-20 所示。

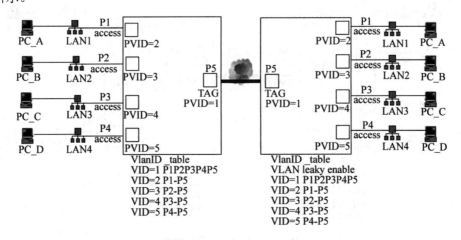

图 3-20 多 VLAN 模式下的 VLAN 间互通

实训 3:单台交换机划分 Vlan

假设某企业有 2 个主要部门:销售部和技术部。其中销售部门有一位职员计算机及服务器共 6 台,而技术部门有一位职员计算机 5 台。假设每个部门各用一台 24 口的交换机,这将造成巨大的资源浪费，如果接在同一个交换机上又存在局域网访问安全问题。可以通过在同一个交换机上划分虚拟局域网 VLAN 来实现销售部和技术部各部门内部进行相互通信，销售部和技术部之间不能相互通信。现要在交换机上做适当配置来实现这一目标。

实现功能：同一个虚拟局域网 VLAN 的主机可以相互通信，不同 VLAN 的主机不可以相互通信。

实验拓扑如图 3-21 所示。

图 3-21 实验拓扑

步骤 1：创建 vlan 10，并将 f0/1-8 端口划分到 vlan 10 中。

switch#configure terminal　　　　　　　　　! 进入全局配置模式。

switch（config）#vlan 10　　　　　　　　　! 创建 vlan 10。

switch（config-vlan）#name test10　　　　　! 将 vlan 10 命名为 test10。

switch（config-vlan）#exit　　　　　　　　! 返回全局配置模式。

switch（config）#interface range fastethernet 0/1-8　! 进入 fastethernet 0/5 的接口配置模式。

switch(config-if)#switchport access vlan 10　!将 fastethernet 0/1-8 端口划分到 vlan 10。

switch（config-if）#exit　　　　　　　　　! 返回全局配置模式。

步骤 2：创建 vlan 20，并将 f0/9-16 端口划分到 vlan 20 中。

switch（config）#vlan 20　　　　　　　　　! 创建 vlan 20。

switch（config-vlan）#name test20　　　　　! 将 vlan 20 命名为 test20。

switch（config-vlan）#exit　　　　　　　　! 返回全局配置模式。

switch（config）#interface range fastethernet0/9-16　! 进入 fastethernet 0/15 的接口配置模式。

switch（config-if）#sswwitchport access vlan 20　! 将 fastethernet 0/9-16 端口划分到 vlan 20 中。

switch（config-vlan）#exit　　　　　　　　! 返回全局配置模式。

检查配置：

switch#show vlan

vlan　name　　　　　　　　　　　status　　ports

----- ---------------------------- -------- -------------------------------

| 1 | default | | active | Fa0/17,Fa0/18,Fa0/19, |

Fa0/20，Fa0/21,Fa0/22,

Fa0/23 ，Fa0/24

| 10 | test10 | | active | Fa0/1，Fa0/2,Fa0/3，Fa0/4，Fa0/5, |

Fa0/6，Fa0/7，Fa0/8

| 20 | test20 | | active | Fa0/9，Fa0/10，Fa0/11，Fa0/12, |

Fa0/13，Fa0/14，Fa0/15，Fa0/16,

步骤 3：验证测试。

划分 vlan 后两台 PC 不能相互 ping 通。

3.3 跨交换机划分 VLAN

假设某企业有两个主要部门：销售部和技术部。其中销售的计算机系统分散连接在两台交换机上，需要相互进行通信，销售部和技术部也需要进行相互通信。现要在交换机上做适当配置来实现这一目标。不同交换机之间的相同 VLAN 通过 trunk 可以通信，不同 VLAN 的流量不可以通信。

3.3.1 三层交换的基本概念

三层交换，也称多层交换技术，或 IP 交换技术，是相对于传统交换概念而提出的。传统的交换技术是在 OSI 网络标准模型中的第二层数据链路层进行操作的，而三层交换技术是在网络模型中的第三层实现了数据包的高速转发。三层交换技术就是：二层交换技术+三层转发技术。

三层交换技术的出现，解决了局域网中网段划分，网段中子网必须依赖路由器进行管理的局面，解决了传统路由器低速、复杂所造成的网络瓶颈问题。

3.3.2 三层交换的基本原理

一个具有三层交换功能的设备，是一个带有第三层路由功能的第二层交换机，但二者是有机结合，并不是简单地把路由器设备的硬件及软件叠加在局域网交换机上。

第三层交换工作在 OSI 七层网络模型中的第三层即网络层，是利用第三层协议中的 IP 包的报头信息来对后续数据业务流进行标记。具有同一标记的业务流的后续报文被交换到第二层数据链路层，从而打通源 IP 地址和目标 IP 地址之间的一条通路。这条通路经过第二层链路层。有了这条通路，三层交换机就没有必要每次将接收到的数据包进行拆包来判断路由，而是直接将数据包进行转发，将数据流进行交换。

原理是：假设两个使用 IP 协议的站点 A、B 通过第三层交换机进行通信，发送站点 A 在开始发送时，把自己的 IP 地址与 B 站的 IP 地址比较，判断 B 站是否与自己在同一子网内。若目标站 B 与发送站 A 在同一子网内，则进行二层的转发。若两个站点不在同一子网内，如发送站 A 要与目标站 B 通信，发送站 A 要向"缺省网关"发出 ARP（地址解析）封包，而"缺省网关"的 IP 地址其实是三层交换机的三层交换模块。当发送站 A 对"缺省网关"的 IP 地址广播出一个 ARP 请求时，如果三层交换模块在以前的通信过程中已经知道 B 站的 MAC 地址，则向发送站 A 回复 B 的 MAC 地址。否则三层交换模块根据路由信息向 B 站广播一个 ARP 请求，B 站得到此 ARP 请求后向三层交换模块回复其 MAC 地址，三层交换模块保存此地址并回复给发送站 A，同时将 B 站的 MAC 地址发送到二层交换引擎的 MAC 地址表中。当 A 向 B 发送的数据包便全部交给二层交换处理，信息得以高速交换。

由于仅仅在路由过程中才需要三层处理，绝大部分数据都通过二层交换转发，因此三层交换机的速度很快，接近二层交换机的速度，同时比相同路由器的价格低很多。

实训 4：跨交换机划分 VLAN

步骤 1：在交换机 switchA 上创建 vlan 10，并将 f0/1-8 端口划分到 vlan 10 中。

switchA#configure terminal	! 进入全局配置模式。
switchA（config）#vlan 10	! 创建 vlan 10。
switchA（config-vlan）#name sales	! 将 vlan 10 命名为 sales。
switchA（config-vlan）#exit	! 返回全局配置模式。
switchA（config）#interface fastethernet 0/1-8	! 进入接口配置模式。
switchA（config-if）#switchport access vlan 10	! 将 f0/1-8 端口划分到 vlan 10。
switchA（config-if）#exit	! 返回全局配置模式。

步骤 2：在交换机 switchA 上创建 vlan 20，并将 f0/9-16 端口划分到 vlan 20 中。

switchA（config）# vlan 20vlan 20	! 创建 vlan 20。
switchA（config-vlan）# name technicalname technic	! 将 vlan 20 命名为 technical。
switchA（config-vlan）# exit exit	! 返回全局配置模式。
switchA（config）# interface fastethernet 0/9-16inte	! 进入接口配置模式。
switchA（config-if）# switchport access vlan 20swi	! 将 0/9-16 端口划分到 vlan 20。
switchA（config-if）# exit exit	! 返回全局配置模式。

步骤 3：在交换机 switchA 上将与 switchB 相连的端口（假设为 f0/20 端口）定义为 tag vlan 模式。

switchA（config）# interface fastethernet 0/20inte　　！进入接口配置模式。

switchA（config-if）# switchport mode trunk　　　！将 fastethernet 0/20 端口设为 tag vlan 模式

switchA（config-if）#exit　　　　　　　　　　　　！返回全局配置模式。

检查配置：验证已创建了 vlan 20，并将 0/9-16 端口已划分到 vlan 20 中。

switchA#show vlan id 20

VLAN	name	status	ports
20	technical	active	Fa0/9,Fa0/10,Fa0/11,Fa0/12, Fa0/13,Fa0/13,Fa0/15,Fa0/16

检查配置：验证 fastethernet 0/20 端口已被设置为 tag vlan 模式。

switchA#show interfaces fastethernet 0/20 switchport

interface	switchport	mode	access	native	protected	vlan lists
Fa0/20	enabled	trunk	1	1	disabled	All

步骤 4：在交换机 switchB 上创建 vlan 10，并将 0/1-8 端口划分到 vlan 10 中。

switchB#configure terminal　　　　　　　　　　　！进入全局配置模式。

switchB（config）#vlan 10　　　　　　　　　　　！创建 vlan　10。

switchB（config-vlan）#name sales　　　　　　　　！将 vlan 10 命名为 sales。

switchB（config-vlan）#exit　　　　　　　　　　　！返回全局配置模式。

switchB（config）#interface fastethernet 0/1-8　　！进入接口配置模式。

switchB（config-if）#switchport access vlan 10　　！将 0/1-8 端口划分到 vlan 10。

switchB（config-if）#exit　　　　　　　　　　　　！返回全局配置模式。

步骤 5：在交换机 switchB 上将与 switchA 相连的端口（假设为 0/20 端口）定义为 tag vlan 模式。

switchB（config）#interface fastethernet 0/20　　　！进入接口配置模式

switchB（config-if）#switchport mode trunk　　　　！将 fastethernet 0/24 端口设为 TAG vlan 模式

switchB（config-if）#exit　　　　　　　　　　　　！返回全局配置模式。

检查配置：验证已在 switchB 上创建的 vlan 10，将 0/1-8 端口已划分到 vlan 10 中。

switchB#show vlan id 10

vlan	name	status	ports

10　　　sales　　　　　　　　　　　　　　　active　　Fa0/1,Fa0/2,Fa0/3,Fa0/4,Fa0/5
　　　　　　　　　　　　　　　　　　　　　　　　　　　　Fa0/6,Fa0/7,Fa0/8

检查配置：验证 fastethernet 0/20 端口已被设置为 tag vlan 模式。

switchB#show interfaces fastethernet 0/20 switchport

interface　switchport　mode　　　access　native　protected　vlan lists

----------　----------　---------　-------　--------　-----------　------------------

Fa0/20　　enabled　　trunk　　1　　　1　　　　disabled　all

步骤 6：验证测试。

验证 PC1 与 PC3 能互相通信，但 PC2 与 PC3 不能互相通信。

C：\>ping 192.168.10.30　　　　　　　! 在 PC1 的命令行方式下验证能 ping 通 PC3。

pinging 192.168.10.30 with 32 bytes of data：

reply from 192.168.10.30：　bytes=32 time<10ms TTL=128
reply from 192.168.10.30：　bytes=32 time<10ms TTL=128
reply from 192.168.10.30：　bytes=32 time<10ms TTL=128
reply from 192.168.10.30：　bytes=32 time<10ms TTL=128

ping statistics for 192.168.10.30：
　　packets：sent = 4, received = 4, lost = 0（0% loss），
approximate round trip times in milli-seconds：
minimum = 0ms, Maximum = 0ms, average = 0ms

C：\>ping 192.168.10.30　　　　　　　! 在 PC2 的命令行方式下验证不能 ping 通 PC3。

pinging 192.168.10.30 with 32 bytes of data：

request timed out.

request timed out.

request timed out.

request timed out.

ping statistics for 192.168.10.30：
　　Packets：sent =4, received = 0, lost =4 100% loss），
approximate round trip times in milli-seconds：
　　minimum = 0ms, maximum = 0ms, average = 0ms

【参考配置】

switchA#show　running-config　　! 显示交换机 switchA 的全部配置。

building configuration...

current configuration ： 284 bytes

hostname switchA

vlan 1

vlan 10 name sales

vlan 20 name technical

interface fastethernet 0/5

switchport access vlan 10

interface fastethernet 0/15

switchport access vlan 20

interface fastethernet 0/24

switchport mode trunk

end

switchB#show　running-config　　！显示交换机 switchB 的全部配置。

building configuration...

current configuration ： 284 bytes

hostname switchB

vlan 1

vlan 10 name sales

interface fastethernet 0/5

switchport access vlan 10

interface fastethernet 0/24

switchport mode trunk

End

三层交换的实验拓扑如图 3-22 所示。

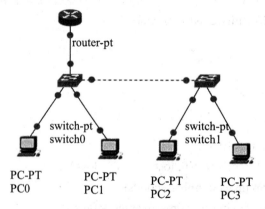

PC0、PC2 属于 VLAN10；VLAN10 地址：192.168.1.0/24

PC1、PC3 属于 VLAN20；VLAN10 地址：192.168.2.0/24

图 3-22　三层交换的实验拓扑

3.4 端口聚合提供冗余备份链路

假设某企业有 2 个直属单位，两个单位都有财务部和技术部且需要相互通信，并且两个单位不在同一楼层。这时候要在同一交换机上划分 vlan 通过 trunk 口来传输不同 vlan 的流量。但是平常的 trunk 口只连接一条网线，这就出现了可靠性问题。万一线路出现问题就会造成两个单位的部门不可通信，为了提高可靠性，需要将多个端口聚合成 trunk 口，现要对交换机进行相应配置来实现这一目标。

在骨干网设备连接中，单一链路的连接很容易实现，但一个简单的故障就会造成网络的中断。因此在实际网络组建的过程中，为了保持网络的稳定性，在多台交换机组成的网络环境中，通常都使用一些备份连接，以提高网络的稳定性。

这里的备份连接也称为备份链路或者冗余链路。备份链路之间的交换机经常互相连接，形成一个环路，通过环路可以在一定程度上实现冗余。链路的冗余备份能为网络带来稳定性和可靠性，但是备份链路也会使网络存在环路。环路问题是备份链路所面临的最为严重的问题，交换机之间的环路将导致网络产生以下问题。

（1）广播风暴。

（2）多帧复制。

（3）地址表的不稳定。

实训 5：端口聚合提供冗余备份链路

步骤 1：在交换机 switchA 上创建 vlan 10，并将 0/5 端口划分到 vlan 10 中。

```
switchA # configure terminal              ! 进入全局配置模式
switchA（config）# vlan 10                 ! 创建 vlan 10
switchA（config-vlan）# name sales         ! 将 vlan 10 命名为 sales
switchA（config-vlan）#exit
switchA（config）#interface fastethernet 0/5   ! 进入接口配置模式
switchA（config-if）#switchport access vlan 10  ! 将 0/5 端口划分到 vlan 10
```

验证测试：验证已创建了 vlan 10，并将 0/5 端口已划分到 vlan 10 中。

```
switchA#show vlan id 10


vlan name                              status    ports
---- ------------------------------ --------- ------------------------------

10    sales                            active    Fa0/5
```

步骤 2：在交换机 switchA 上配置聚合端口。

switchA（config）#interface aggregateport 1　　　　！创建聚合接口 AG1

switchA（config-if）#switchport mode trunk　　　　！配置 AG 模式为 trunk

switchA（config-if）#exit

switchA（config）#interface　range fastethernet 0/1-2　　！进入接口 0/1 和 0/2

switchA（config-if）#port-group 1　　　　　　　！配置接口 0/1 和 0/2 属于 AG1

验证测试：验证接口 fastethernet 0/1 和 0/2 属于 AG1

switchA#show aggregateport 1 summary

aggregateport maxports switchport mode　　ports

------------- -------- ---------- ------ -----------------------

ag1　　　　　　　8　　　　　enabled　　trunk　　Fa0/1 , Fa0/2

步骤 3：在交换机 switchB 上创建 vlan 10，并将 0/5 端口划分到 vlan 10 中。

switchB # configure terminal　　　　　　　　！进入全局配置模式

switchB（config）# vlan 10　　　　　　　　　！创建 vlan 10

switchB（config-vlan）# name sales　　　　　！将 vlan 10 命名为 sales

switchB（config-vlan）#exit

switchB（config）#interface fastethernet 0/5　　！进入接口配置模式

switchB（config-if）#switchport access vlan 10　！将 0/5 端口划分到 vlan 10

验证测试：验证已在 switchB 上创建了 vlan 10，并将 0/5 端口已划分到 vlan 10 中

switchB#show vlan id 10

vlan name　　　　　　　　　　　　　　　status　　ports

---- ----------------------------- --------- -------------------------------

10　　sales　　　　　　　　　　　　　active　　Fa0/5

步骤 4：在交换机 switchB 上配置聚合端口。

switchB（config）#interface aggregateport 1　　　　！创建聚合接口 AG1

switchB（config-if）#switchport mode trunk　　　　！配置 AG 模式为 trunk

switchB（config-if）#exit

switchB（config）#interface　range fastethernet 0/1-2　　！进入接口 0/1 和 0/2

switchB（config-if）#port-group 1　　　　　　　！配置接口 0/1 和 0/2 属于 AG1

验证测试：验证接口 fastethernet 0/1 和 0/2 属于 AG1

switchB#show aggregateport 1 summary

aggregateport maxports switchport mode　　ports

```
-------------  --------  ----------  ------  -----------------------
ag1            8         enabled     trunk   Fa0/1 , Fa0/2
```

步骤 5：验证当交换机之间的一条链路断开时，PC1 与 PC2 仍能互相通信。

C：\>ping 192.168.10.30 -t   ！在 PC1 的命令行方式下验证能 ping 通 PC3

pinging 192.168.10.30 with 32 bytes of data：

reply from 192.168.10.30：   bytes=32 time<10ms TTL=128

reply from 192.168.10.30：   bytes=32 time<10ms TTL=128

reply from 192.168.10.30：   bytes=32 time<10ms TTL=128

reply from 192.168.10.30：   bytes=32 time<10ms TTL=128

reply from 192.168.10.30：   bytes=32 time<10ms TTL=128

reply from 192.168.10.30：   bytes=32 time<10ms TTL=128

reply from 192.168.10.30：   bytes=32 time<10ms TTL=128

reply from 192.168.10.30：   bytes=32 time<10ms TTL=128

reply from 192.168.10.30：   bytes=32 time<10ms TTL=128

reply from 192.168.10.30：   bytes=32 time<10ms TTL=128

reply from 192.168.10.30：   bytes=32 time<10ms TTL=128

reply from 192.168.10.30：   bytes=32 time<10ms TTL=128

reply from 192.168.10.30：   bytes=32 time<10ms TTL=128

【参考配置】

switchA#show running-config   ！显示交换机 switchA 的全部配置

building configuration...

current configuration ：   497 bytes

hostname switchA

interface aggregateport 1

switchport mode trunk

interface fastethernet 0/1

port-group 1

interface fastethernet 0/2

port-group 1

interface fastethernet 0/5

switchport access vlan 10

end

```
switchB#show  running-config      ！显示交换机 switchB 的全部配置
building configuration...
current configuration ：   497 bytes
hostname switchB
interface aggregateport 1
  switchport mode trunk
interface fastethernet 0/1
  port-group 1
interface fastethernet 0/2
  port-group 1
interface fastethernet 0/5
  switchport access vlan 10
end
```

端口聚合提供冗余备份链路的实验拓扑如图 3-23 所示。

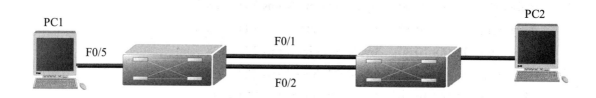

图 3-23　端口聚合提供冗余备份链路的实验拓扑

3.5　VLAN 间通信

　　第三层交换是在网络交换机中引入路由模块而取代传统路由器实现交换与路由相结合的网络技术。根据实际应用时的情况，灵活地在网络第二层或者第三层进行网络分段。具有三层交换功能的设备是一个带有第三层路由功能的第二层交换机。

　　第三层交换机的设计基于对 IP 路由的仔细分析，把 IP 路由中每个报文都必须经过的过程提取出来，这个过程是十分简化的过程。IP 路由中绝大多数报文是不包含选项的报文，因此在多数情况下处理报文 IP 选项的工作是多余的。不同网络的报文长度是不同的，为了适应不同的网络，IP 要实现报文分片的功能，但是在全以太网的环境中，网络的帧长度是固定的，因此报文分片也是一个可以省略的工作。

　　第三层交换技术没有采用路由器的最长地址掩码匹配的方法，而是使用了精确地址匹配的方法处理，这样有利于硬件的实现快速查找。采用了使用高速缓存的方法，经常使用的主机路由放到了硬件查找表中，只有在这个高速缓存中无法匹配的项目才会通过软件去转发。在存储转发过程中，使用了流交换方式。在流交换中，分析第一个报文确定其是否表示了一个流或者一组具有相同源地址和目标地址的报文。如果第一个报文具有了正确的特征，那么该标识流中的后续报文将拥有相同的优先权，同一流中的后续报文被交换到基于第二层的目标地址上，三层交换机为了实现高速交换，都采用流交换方式。在 IP 路由的处理上进行了改进，实现了简化的 IP 转发流程，利用专用的 ASIC 芯片实现硬件的转发，这样绝大多数的报文处理都可以在硬件中实现了，只有极少数报文才需要使用软件转发，整个系统的转发性能能够得以成千倍地增加，相同性能的设备在成本上也得到大幅度下降。

每个 VLAN 对应一个 IP 网段。在二层上，VLAN 之间是隔离的，这点跟二层交换机中交换引擎的功能是一样的。不同 IP 网段之间的访问要跨越 VLAN，要使用三层转发引擎提供的 VLAN 间路由功能。在使用二层交换机和路由器的组网中，每个需要与其他 IP 网段通信的 IP 网段都需要使用一个路由器接口作为网关。而第三层转发引擎就相当于传统组网中的路由器，当需要与其他 VLAN 通信时也要在三层交换引擎上分配一个路由接口，用来做 VLAN 的网关。三层交换机上的这个路由接口是在三层转发引擎和二层转发引擎上的，是通过配置转发芯片来实现的，与路由器的接口不同，是不可见的。

例如，通信过程。假设两个使用 IP 协议的站点 A、B 通过第三层交换机进行通信，发送站 A 在开始发送时，把自己的 IP 地址与 B 站的 IP 地址比较，判断 B 站是否与自己在同一子网内。若目标站 B 与发送站 A 在同一子网内，则进行二层的转发。若两个站点不在同一子网内，如发送站 A 要与目标站 B 通信，发送站 A 要向三层交换机的三层交换模块发出 ARP（地址解析）封包。三层交换模块解析发送站 A 的目标 IP 地址，向目标 IP 地址网段发送 ARP 请求。B 站得到此 ARP 请求后向三层交换模块回复其 MAC 地址，三层交换模块保存此地址并回复给发送站 A，同时将 B 站的 MAC 地址发送到二层交换引擎的 MAC 地址表中。从这以后，A 向 B 发送的数据包便全部交给二层交换处理，信息得以高速交换。可见由于仅仅在路由过程中才需要三层处理，绝大部分数据都通过二层交换转发，三层交换机的速度很快，接近二层交换机的速度。

实训 6：用三层交换机的物理接口实现 VLAN 间路由的实验拓扑

假设某企业有两个主要部门：销售部和技术部，已经实现了把他们划分到了不同的局域网上，但他们之间需要相互进行通信。现要使用三层交换机的物理接口，对不同 vlan 的流量进行路由来实现这一目标。每个 vlan 里接一根线出来接到三层交换机的以太网口上，在三层交换机上升级二层口到三层口，配置合适的 IP 地址，利用三层交换机的路由功能来实现不同网段 vlan 流量的通信。

步骤 1：在交换机 S2126 上创建 vlan 10，并将 0/1-8 端口划分到 vlan 10 中。

S2126 # configure terminal　　　　　! 进入全局配置模式。

S2126 （config）# vlan 10　　　　　　! 创建 vlan 10。

S2126 （config-vlan）# name sales　　! 将 vlan 10 命名为 sales。

S2126 （config-vlan）#exit

S2126 （config）#interface　range　fastethernet 0/1-8　　! 进入接口配置模式。

S2126 （config-if）#switchport access vlan 10　　! 将 0/1-8 端口划分到 vlan 10。

验证测试：验证已创建了 vlan 10，并将 0/5 端口已划分到 vlan 10 中。

switchA#show vlan id 10

VLAN	name	status	ports
10	sales	active	Fa0/1, Fa0/2,Fa0/3, Fa0/4, Fa0/5, Fa0/6,Fa0/7, Fa0/8,

步骤 2：在交换机 S2126 上创建 vlan 20，并将 0/9-16 端口划分到 vlan 20 中。

S2126 （config）# vlan 20　　　　　　! 创建 vlan 20。

S2126 （config-vlan）# name technical　　! 将 vlan 20 命名为 technical。

S2126 （config-vlan）#exit

S2126 （config）#interface　range　fastethernet 0/9-16　　! 进入接口配置模式。

S2126 （config-if）#switchport access vlan 20　　! 将 0/9-16 端口划分到 vlan 20。

验证测试：验证已创建了 vlan 20，并将 0/9-16 端口已划分到 Vlan 20 中。

switchA#show vlan id 20

VLAN	name	status	ports
20	technical	active	Fa0/9,Fa0/10,Fa0/11,Fa0/12, Fa0/13,Fa0/13,Fa0/15,Fa0/16

步骤 3：在三层交换机 s3550 上配置两个三层端口并配置 IP 地址：

S3550 >en 14　　　　　　　　　　　　　! 进入特权模式。

Password：　　（打上 star，此处不显示，照打就是）　! 输入特权密码

S3550#configure　ter　　　　　　　　　! 进入全局配置模式。

S3550 （config）#interface fastethernet 0/5　　　　! 进入接口配置模式。

S3550 （config-if）# no switchport　　　　　! 将二层口升级为三层口

S3550 （config-if）#ip address 192.168.10.1 255.255.255.0　!配置 IP 地址及子网掩码。

S3550 （config-if）#no shutdown　　　　　　! 开启端口。

S3550 （config-if）#exit   ! 退出端口配置模式

S3550 （config）#interface fastethernet 0/15   ! 进入端口配置模式

S3550 （config-if）# no switchport   ! 将二层口升级为三层口

S3550 （config-if） #ip address 192.168.20.1 255.255.255.0   !配置 IP 地址及子网掩码。

S3550 （config-if）#no shutdown   ! 开启端口。

S3550 （config-if）#exit   ! 退出端口配置模式

S3550 （config）#

验证测试：验证交换机三层接口 IP 地址配置及路由表。

s3550#show ip interface   ! 查看接口配置信息

interface：fa0/5

description：fastethernet100BaseTX 0/5

operstatus：up

managementstatus：enabled

primary internet address：192.168.10.1/24

broadcast address：255.255.255.255

phys address：00d0.f8b9.81d1

interface：Fa0/15

description：fastethernet100BaseTX 0/15

operstatus：up

managementstatus：enabled

primary internet address： 192.168.20.1/24

broadcast address：255.255.255.255

physAddress：00d0.f8b9.81d2

s3550#show ip route   ! 查看路由表

type: C - connected, S - static, R - RIP, O - OSPF, IA - OSPF inter area

       N1 - OSPF NSSA external type 1, N2 - OSPF NSSA external type 2

       E1 - OSPF external type 1, E2 - OSPF external type 2

type	destination IP	next hop	interface	distance	metric	status
C	192.168.10.0/24	0.0.0.0	Fa0/5	0	0	active
C	192.168.20.0/24	0.0.0.0	Fa0/15	0	0	active

步骤 4：配置两台 PC 机。

PC1 的测试网卡配置如图 3-24 所示。

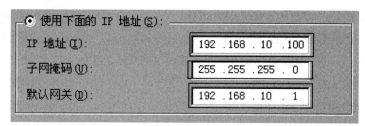

图 3-24　PC1 的测试网卡配置

PC2 的测试网卡配置如图 3-25 所示。

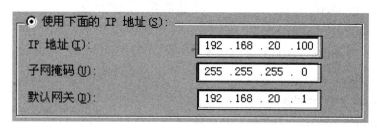

图 3-25　PC2 的测试网卡配置

步骤 5：验证 PC1 与 PC2 能互相通信。

C：\documents and settings\administrator>ping 192.168.20.100

！在 PC1 的命令行方式下验证能 ping 通 PC2 。

pinging 192.168.20.100 with 32 bytes of data：

reply from 192.168.20.100： bytes=32 time<1ms TTL=128

reply from 192.168.20.100： bytes=32 time<1ms TTL=128

reply from 192.168.20.100： bytes=32 time<1ms TTL=128

reply from 192.168.20.100： bytes=32 time<1ms TTL=128

ping statistics for 192.168.20.100：

　　Packets： sent = 4, received ＝ 4, lost = 0 （0% loss），

approximate round trip times in milli-seconds：

　　minimum = 0ms, maximum = 0ms, average = 0ms

C：\documents and settings\administrator>ping 192.168.10.100

！在 PC2 的命令行方式下验证能 ping 通 PC1 。

pinging 192.168.20.100 with 32 bytes of data：

reply from 192.168.10.100：bytes=32 time<1ms TTL=128

reply from 192.168.10.100：bytes=32 time<1ms TTL=128

reply from 192.168.10.100：bytes=32 time<1ms TTL=128

reply from 192.168.10.100：bytes=32 time<1ms TTL=128

ping statistics for 192.168.10.100：

　　packets：sent=4, received=4, lost=0（0% loss），

approximate round trip times in milli-seconds：

　　minimum = 0ms, maximum = 0ms, average = 0ms

步骤 6：测试结果

通过三层交换机的路由，使得不同 vlan 的主机可以相互通信。

注意：需要设置 PC 的网关（即为上游路由器接口的 IP 地址）

用三层交换机的物理接口实现 VLAN 间路由的实验拓扑如图 3-26 所示。

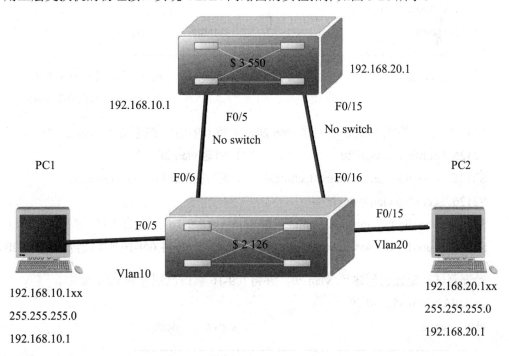

图 3-26　用三层交换机的物理接口实现 VLAN 间路由的实验拓扑

实训 7：用三层交换机的虚拟接口实现 VLAN 间路由

假设某企业有 2 个主要部门：销售部和技术部，已经实现了把他们划分到了不同的局域网上，但他们之间需要相互进行通信，现要使用三层交换机的虚拟接口，对不同 vlan 的

流量进行路由来实现这一目标。

每个 VLAN 里接一根线出来接到三层交换机的以太网口上，在三层交换机上启动虚拟口，配置合适的 IP 地址，利用三层交换机的路由功能来实现不同网段 VLAN 流量的通信。

步骤 1：在交换机 S2126 上创建 vlan 10，并将 0/1-8 端口划分到 vlan 10 中。

S2126 # configure terminal　　　　! 进入全局配置模式。

S2126 （config）# vlan 10　　　　! 创建 vlan 10。

S2126 （config-vlan）# name sales　! 将 vlan 10 命名为 sales。

S2126 （config-vlan）#exit

S2126 （config）#interface　range　fastethernet 0/1-8　　! 进入接口配置模式。

S2126 （config-if）#switchport access vlan 10　　! 将 0/1-8 端口划分到 vlan 10。

验证测试：验证已创建了 vlan 10，并将 0/1-8 端口已划分到 vlan 10 中。

switchA#show vlan id 10

```
VLAN   name                             status     ports
----   -------------------------------- ---------  -------------------------------
10     sales                            active     Fa0/1, Fa0/2,Fa0/3, Fa0/4,
                                                   Fa0/5, Fa0/6,Fa0/7, Fa0/8,
```

步骤 2：在交换机 S2126 上创建 vlan 20，并将 0/9-16 端口划分到 vlan 20 中。

S2126 （config）# vlan 20　　　　　! 创建 vlan 20。

S2126 （config-vlan）# name technical　! 将 vlan 20 命名为 technical。

S2126 （config-vlan）#exit

S2126 （config）#interface　range　fastethernet 0/9-16　! 进入接口配置模式。

S2126 （config-if）#switchport access vlan 20　　! 将 0/9-16 端口划分到 vlan 20。

验证测试：验证已创建了 vlan 20，并将 0/9-16 端口已划分到 vlan 20 中。

switchA#show vlan id 20

```
vlan   name                             status     ports
----   -------------------------------- ---------  -------------------------------
20     technical                        active     Fa0/9,Fa0/10,Fa0/11,Fa0/12,
                                                   Fa0/13,Fa0/13,Fa0/15,Fa0/16
```

步骤 3：在交换机 S2126 上将与 S3550 相连的端口（假设为 f0/20 端口）定义为 tag vlan 模式。

S2126 （config）# interface fastethernet 0/20nte! 进入接口配置模式。

S2126 （config-if）# switchport mode trunk　! 将 fastethernet 0/20 端口设为 tag vlan 模式

S2126 （config-if）#exit   ！返回全局配置模式。

检查配置：验证 fastethernet 0/20 端口已被设置为 tag vlan 模式。

switchA#show interfaces fastethernet 0/20 switchport

interface   switchport   mode   access   native   protected   VLAN lists
---------- ---------- -------- ------- -------- ---------- --------------------
Fa0/20   enabled   trunk   1   1   disabled   all

步骤 4：在交换机 S3550 上将与 S21260 相连的端口（假设为 f0/20 端口）定义为 tag vlan
模式。

S3550（config）# interface fastethernet 0/20inte！进入接口配置模式。

S3550（config-if）# switchport mode trunk   ！将 fastethernet 0/20 端口设为 tag vlan 模式

S3550（config-if）#exit   ！返回全局配置模式。

检查配置：验证 fastethernet 0/20 端口已被设置为 tag vlan 模式。

S3550#show interfaces fastethernet 0/20 switchport

interface   switchport   mode   access   native   protected   vlan lists
---------- ---------- -------- ------- -------- ---------- --------------------
Fa0/20   enabled   trunk   1   1   disabled   All

步骤 5：在三层交换机 s3550 上配置虚拟端口及 IP 地址。

S3550 >en 14   ！进入特权模式。

password：   （写上 star，此处不显示）   ！输入特权密码

S3550#configure   ter   ！进入全局配置模式。

S3550（config）#vlan 10   ！创建 vlan10。

S3550（config-vlan）#exit   ！使用 vlan10 默认信息，退出。

S3550（config）#vlan 20   ！创建 vlan20。

S3550 （config-vlan）#exit   ！使用 vlan20 默认信息，退出。

S3550 （config）#interface vlan 10   ！进入 vlan10 虚拟接口配置模式。

S3550 （config-if）#ip address 192.168.10.1 255.255.255.0 !配置 IP 地址及子网掩码。

S3550 （config-if）#no shutdown   ！开启端口。

S3550 （config-if）#exit   ！退出端口配置模式

S3550 （config）#interface vlan 20   ！进入 vlan20 虚拟端口配置模式

S3550 （config-if）#ip address 192.168.20.1 255.255.255.0 !配置 IP 地址及子网掩码。

S3550 （config-if）#no shutdown   ！开启端口。

S3550 （config-if）#exit   ！退出端口配置模式

S3550 （config）#

验证测试：验证交换机虚拟接口 IP 地址配置及路由表。

s3550#show ip interface   ! 查看虚拟接口 IP 地址信息

interface：VL10

description：vlan 10

operstatus：up

managementstatus：Enabled

primary internet address：192.168.10.1/24

broadcast address：255.255.255.255

phys address：00d0.f8b9.81d1

interface：vlan 20

description：vlan 20

operstatus：up

managementstatus：Enabled

primary internet address：192.168.20.1/24

broadcast address：255.255.255.255

phys address：00d0.f8b9.81d2

s3550G-2#show ip route   ! 查看路由表

type：C - connected, S - static, R - RIP, O - OSPF, IA - OSPF inter area

      N1 - OSPF NSSA external type 1, N2 - OSPF NSSA external type 2

      E1 - OSPF external type 1, E2 - OSPF external type 2

type	destination IP	next hop	interface	distance	metric	status
C	192.168.10.0/24	0.0.0.0	VL10	0	0	active
C	192.168.20.0/24	0.0.0.0	VL20	0	0	active

步骤 6：配置两台 PC 机。

PC1 的测试网卡配置如图 3-27 所示。

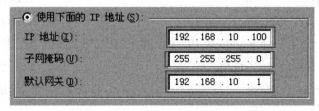

图 3-27 PC1 的测试网卡配置

PC2 的测试网卡配置如图 3-28 所示。

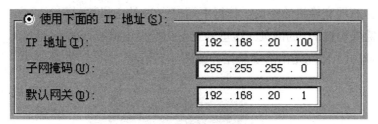

图 3-28　PC2 的测试网卡配置

步骤 7：验证 PC1 与 PC2 能互相通信。

C：\documents and settings\administrator>ping 192.168.20.100

！在 PC1 的命令行方式下验证能 ping 通 PC2 。

pinging 192.168.20.100 with 32 bytes of data：

reply from 192.168.20.100：bytes=32 time<1ms TTL=128

reply from 192.168.20.100：bytes=32 time<1ms TTL=128

reply from 192.168.20.100：bytes=32 time<1ms TTL=128

reply from 192.168.20.100：bytes=32 time<1ms TTL=128

ping statistics for 192.168.20.100：

　　　Packets：sent=4, received =4, lost=0 　（0% loss），

approximate round trip times in milli-seconds：

　　　minimum = 0ms, Maximum = 0ms, Average = 0ms

C：\documents and Settings\administrator>ping 192.168.10.100

！在 PC2 的命令行方式下验证能 ping 通 PC1 。

pinging 192.168.20.100 with 32 bytes of data：

reply from 192.168.10.100：bytes=32 time<1ms TTL=128

reply from 192.168.10.100：bytes=32 time<1ms TTL=128

reply from 192.168.10.100：bytes=32 time<1ms TTL=128

reply from 192.168.10.100：bytes=32 time<1ms TTL=128

ping statistics for 192.168.10.100：

　　　packets：sent = 4, received = 4, lost=0 　（0% loss），

Approximate round trip times in milli-seconds：

　　　minimum=0ms, maximum=0ms, average=0ms

步骤 8：测试结果。

通过路由三层交换机的路由，使得不同 VLAN 的主机可以相互通信。

注意：需要设置 PC 的网关（这里为三层交换机虚拟接口的 IP 地址）。用三层交换机的虚拟接口实现 VLAN 间路由的实验拓扑如图 3-29 所示。

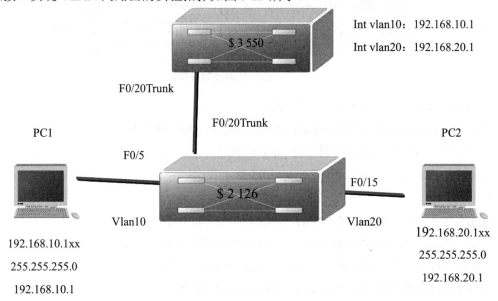

图 3-29　用三层交换机的虚拟接口实现 VLAN 间路由的实验拓扑

本章小结

本章主要讲述了交换机基本配置、二层交换机划分 VLAN、跨交换机划分 VLAN、端口聚合提供冗余备份链路和 VLAN 间通信。通过本章的学习，读者应掌握交换机的工作原理，交换机基本配置能力；掌握 VLAN 的工作原理，VLAN 设计、实现能力；了解三层交换机配置能力和配置方法。

本章习题

一、选择题

交换机配置命令 2950A（vlan）#vlan 3 name vlan3 的作用是（　　　）。

A．创建编号为 3 的 VLAN，并命名为 vlan3

B．把名称为 vlan3 的主机划归编号为 3 的 VLAN

C．把名称为 vlan3 的端口划归编号为 3 的 VLAN

D．进入 vlan3 配置子模式

二、简答题

1．如图 3-30 所示是在网络中划分 VLAN 的连接示意图。VLAN 可以不考虑用户的物理位置，而根据功能、应用等因素将用户从逻辑上划分为一个个功能相对独立的工作组。每个用户主机都连接在支持 VLAN 的交换机端口上，并属于某个 VLAN。

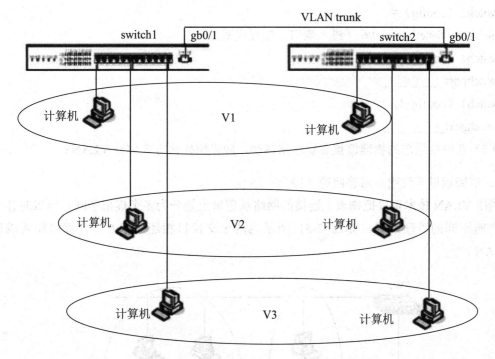

图 3-30　网络中划分 VLAN 的连接示意图

（1）同一个 VLAN 中的成员可以形成一个广播域，从而实现何种功能？

（2）在交换机中配置 VLAN 时，VLAN 1 是否需要通过命令创建？为什么？

（3）创建一个名字为 v2 的虚拟局域网的配置命令如下，请写出空白处的配置内容：

switch#_____（进入 VLAN 配置模式）

switch（vlan）#_____（创建 v2 并命名）

switch（vlan）#_____（完成并退出）

（4）使 switch1 的千兆端口允许所有 VLAN 通过的配置命令如下，请写出空白处的配置内容：

switch1（config）#

interface gigabit 0/1（进入千兆端口配置模式）

switch1（config-if）#

switchport_____

switch1（config-if）#

switchport_____

（5）若交换机 switch1 和 switch2 没有千兆端口，能否实现 VLAN trunk 的功能？若能，如何实现？

（6）将 switch1 的端口 6 划入 v2 的配置命令如下，请写出空白处的配置内容：

switch1（config）#

interface   fastethernet 0/6 （进入端口 6 配置模式）

switch1（config-if）#

switchport_____

switch1（config-if）#

switchport_____

（7）若网络用户的物理位置需要经常移动，应采用什么方式划分 VLAN？

2．请阅读以下说明，回答问题（1）～（5）。

利用 VLAN 技术可以把物理上连接的网络从逻辑上划分为多个虚拟子网，可以对各个子网实施不同的管理策略。如图 3-31 所示为两个交换机相连，把 6 台计算机配置成连个 VLAN。

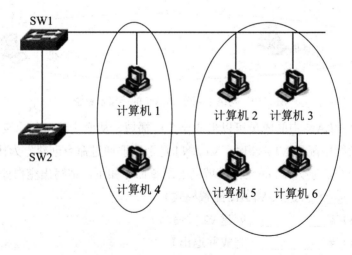

图 3-31 两个交换机相连

（1）双绞线可以制作成直连线和交叉线两种形式，两个交换机的 UPLINK 口相连，使用的双绞线制作成什么形式？连接交换机和计算机的双绞线制作成什么形式？

（2）阅读以下的配置信息，请给出①～④处的配置内容：

SW1>enable　　　　　　　　（进入特权模式）

SW1#vlan database　　　　　　（设置 VLAN 配置子模式）

SW1（vlan）#vtp server　　　　（设置本交换机为 server 模式）

SW1（vlan）#vtp domain ___①___　　（设置域名）

SW1（vlan）# ___②___　　　　　　（启动修剪功能）

SW1（vlan）exit　　　　　　　　（退出 VLAN 配置模式）

SW1#show ___③___　　　　　（查看 VTP 设置信息）

VTP version：2

configuration revision：0

maximum VLANs supported locally：64

number of existing VLANs：1

VTP operating mode：server

VTP domain name：server 1

VTP pruning mode：enable

VTP V2 mode：disabled

VTP traps generation：disabled

MD5 digest：0x82 0x6B 0xFB 0x94 0x41 0xEF 0x92 0x30

configuration last modified by 0.0.0.0 at 7-1-05 00：07：51

SW2 #vlan database

SW2（vlan）#vtp domain NULL SW2（vlan）# ___④___

setting device to VTP CLIENT mode SW2（vlan）# exit

（3）阅读以下的配置信息，解释⑤处的命令

switch# switch#config

switch（config）#interface f0/1　　　　　（进入接口 1 配置模式）

switch（config-if）#switchport mode trunk ___⑤___

switch（config-if）#switchport trunk allowed vlan all（设置允许从该接口交换数据的 vlan）

switch（config-if）#exit switch（config）#exit switch#

（4）阅读以下的配置信息，解释⑥处的命令

switch ＃vlan d

switch（vlan）#vlan 2　　　　　　　（创建一个 VLAN2）

VLAN 2 added

name：VLAN0002　　　　　　　　（系统自动命名）

switch（vlan）#vlan 3 name vlan3＿＿＿⑥＿＿＿＿

VLAN 3 added：name：vlan3

switch（vlan）#exit

（5）阅读以下的配置信息，解释⑦处的命令

switch #config t

switch （config）#interface f0/5　　　　　　（进入端口 5 配置模式）

switch（config-if）#switchport access vlan2　　（把端口 5 分配给 vlan2）

switch（config-if）#exit switch（config）#interface f0/6

switch（config-if）#switchport mode access ＿＿＿⑦＿＿＿＿

switch（config-if）#swithport access vlan3

switch（config-if）#exit

switch（config）#exit

第4章 组建企业网络

【本章导读】

某高校在组建内部网络后由于设计到的建筑比较多，现在把不同建筑之间的网络进行连接，流量汇聚到网络中心机房。现在要使用路由器设备实现各个建筑网络的汇聚与通信，使用不同的网络协议实现网络的路由与通信。

【本章目标】

➢ 能用 CLI 命令行管理路由器。

➢ 能为路由器配置基本的名称、登录密码、管理配置文件、密码破解等操作。

➢ 能使用静态路由实现路由的学习

➢ 能使用 rip 协议实现路由的学习。

➢ 能使用 ospf 协议实现路由的学习。

➢ 能使用 EIGRP 协议实现路由的学习。

➢ 能使用路由实现不同协议之间路由的学习。

4.1 路由器基本配置

某学校的网络管理员在拿到新的设备后，想要对设备进行基本信息及其接口地址的配置，那么该怎么登录到设备进行相关的配置呢？第一次在设备机房对路由器进行了初次配置后，他希望以后在办公室或出差时也可以对设备进行远程管理，那管理员要怎么配置才能实现这些要求。

某公司由于业务需要，新购一批 cisco 路由器用于路由内网多个 VLAN 数据，该路由器刚出厂，未曾配置过。现要求能尽快熟悉了解这批产品，并能够完成简单的安装、调试任务。首先要求能够登入路由器，并能够了解路由器的常用命令操作。

4.1.1 路由器接口

路由器具有创建路由、执行命令以及在网络接口上使用路由协议对数据包进行路由等功能。硬件基础是接口、CPU 和存储器；软件基础是网络互联操作系统 IOS。路由器和 PC

机一样，有中央处理单元 CPU，而且不同的路由器，CPU 一般也不相同，CPU 是路由器的处理中心。

路由器接口用作将路由器连接到网络，可以分为局域网接口和广域网接口两种。由于路由器型号的不同，接口数目和类型也不尽相同。常见的接口主要有以下几种。

（1）高速同步串口，可连接 DDN、帧中继（frame relay）、X.25、PSTN（模拟电话线路）。

（2）同步/异步串口，可用软件将端口设置为同步工作方式。

（3）AUI 端口，即粗缆口。一般需要外接转换器（AUI-RJ45），连接 10Base-T 以太网络。

（4）ISDN 端口，可以连接 ISDN 网络（2B+D），可作为局域网接入 Internet 之用。

（5）AUX 端口，该端口为异步端口。主要用于远程配置；也可用于拔号备份；还可用于 modem 连接，支持硬件流控制（hardware flow ctrol）。

（6）console 端口，该端口为异步端口，主要连接终端或运行终端仿真程序的计算机，在本地配置路由器，不支持硬件流控制。

4.1.2 路由器的内存组件

内存是路由器存储信息和数据的地方，cisco 路由器有以下几种内存组件。

（1）ROM（read only memory）只读存储器。ROM 中存储路由器加电自检（power-on self-test，POST）、启动程序（bootstrap program）和部分或全部的 IOS。路由器中的 ROM 是可擦写的，所以 IOS 是可以升级的。

（2）nvram（nonvolatile random access memory）非易失随机存储器。nvram 是可擦写的，可将路由器的配置信息复制到 nvram 中。

（3）flash 闪存。闪存，是一种特殊的 ROM，可擦写的，也可编程，用于存储 cisco IOS 系统的其他版本，用于对路由器的 IOS 进行升级。

（4）RAM（random access memory）随机存储器。RAM 与 PC 机上的内存相似，提供临时信息的存储，同时保存着当前的路由表和配置信息。

4.1.3 路由器的启动过程

路由器的启动过程如下。

（1）加电之后，ROM 运行加电自检程序（post），检查路由器的处理器、接口及内存等硬件设备。

（2）执行路由器中的启动程序（bootstrap），搜索 cisco 的 IOS。路由器中的 IOS 可从 ROM 中装入；也可从 Flash RAM 中装入；还可从 TFTP 服务器装入。

（3）装入 IOS 后，寻找配置文件。配置文件通常在 nvram 中，配置文件也可从 TFTP 服务器载入。

（4）加载配置文件后，其中的信息将激活有关接口、协议和网络参数。

（5）当找不到配置文件时，路由器进入配置模式。

实训 1：路由器基本配置

路由器基本配置拓扑如图 4-1 所示。

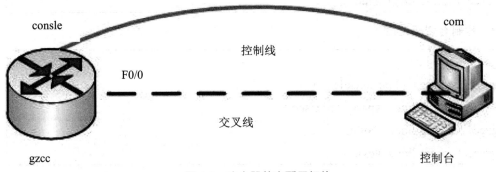

consle
com
控制线
F0/0
交叉线
gzcc
控制台

图 4-1　路由器基本配置拓扑

1. 设备配置实现

路由器主名的配置：

```
router>en
router#config t
router（config）#hostname gzccc
```

路由器接口 IP 地址的配置：

```
gzccc（config）#interface fastethernet 0/0
gzccc（config-if）#ip address 192.168.12.253 255.255.255.248
gzccc（config-if）#no shutdown
gzccc（config-if）#interface serial0/0
gzccc（config-if）#ip address 192.168.0.1 255.255.255.252
gzccc（config-if）#clock rate 64000
gzccc（config-if）#no shutdown
gzccc（config-if）#end
```

常用查看命令：

```
gzccc#show   run                    //查看运行配置文件
gzccc#show ip interface brief        //查看接口主要信息
```

远程登录密码配置：

```
gzccc（config）#line vty 0 4
gzccc（config-line）#login
gzccc（config-line）#password cisco
gzccc（config-line）#end
```

2. 控制台密码配置

```
gzccc#config ter
gzccc（config）#line console   0
gzccc（config-line）#password cisco
gzccc（config-line）#login
gzccc（config-line）#exit
```

设备密码配置：

```
gzccc（config）#enable secret cisco          //使能加密密码配置
gzccc（config）#enable password cisco        //使能明文密码配置
```

保存操作：

```
gzccc#copy running-config startup-config
gzccc#sh startup-config          //显示启动配置文件
```

拓展训练 1：路由器的配置

熟悉路由器的各个配置模式；熟练 hostname、enable password、enable secret、config terminal 等命令的使用；记住常用的快捷键。

1. 训练要求

训练要求如下。

（1）能够使用口令登录路由器。

（2）能够用 enable 进入特权模式，用 config terminal 进入配置模式。

（3）会使用命令提示，查看各模式下的可用命令。

2. 训练步骤

训练步骤如下。

步骤 1：用一根交叉线将 PC 与路由器的配置端口（console）连接，在 PC 上用超级终端软件连接路由器。

超级终端设置 com 口设置：speed：9600 bps

data bits：8

stop bits：1

parity：none

flow control：none

步骤 2：登录到路由器查看用户模式下可用的命令。

用 enable 命令进入特权模式，查看特权模式可以用的命令，用 show version 命令查看路由器信息，配置寄存器的值。用 terminal history 命令设置命令缓冲区大小。

配置过程：

router>enable

router#show version

router#terminal history size size

步骤 3：用 configure terminal 命令进入全局配置模式，查看此模式下用户可以用的命令为：

router#config terminal

router（config）#?

步骤 4：在配置过程中，路由器命令行会经常弹出一些信息消息，可以用以下命令来保留在弹出消息前未输入完的命令。

router（config）#line line_type line_#

router（config-line）#logging synchronous

例如：router（config）#line console 0

router（config）#logging synchrounous

步骤 5：设置密码：cisco 支持两个级别的密码：用户执行模式和特权执行模式密码。

用户执行密码在相应的 line 类型下设置，以下是用户执行模式密码的设置方法。

（1）控制台接口登录。

router（config）#line console 0

router（config-line）#password console_password

router（config-line）#exit

（2）虚拟终端登录。

router（config）#line vty 0 4

router（config-line）#login

router（config-line）#password telnet_password

（3）辅助接口。

router（config）#line aux 0

router（config-line）#password console_password

特权执行模式密码设置方法为：

router（config）#enable password　privileged_exec_password

router（config）#enable secret　privileged_exec_password

如果同时设置了 enable password 和 enable secret 两个特权执行模式的密码，路由器将用 enable secret 设置的密码来验证访问。

（4）默认的 10 分钟没有对路由器进行操作时，路由器将自动退出登录。

设置非活动超时时间为 20 分钟。

router（config）#line line_type line_#

router（config-line）#exec-timeout minutes seconds

例如设置执行非活动超时时间为 25 分钟 50 秒。

router（config）#line console 0

router（config-line）#exec-timeout 25 50

步骤 6：全局配置模式下用 banner motd #命令给路由器设置登陆信息为：welcome to gzccc！。

配置方法为：

router（config）#banner motd #输入登陆信息#

步骤 7：在特权配置模式下设置路由器的时钟。用 clock set 命令设置时间为 19：20：20 may 2004，之后用 show clock 确认时间设置。

router#clock set hours：minutes：seconds day month year

router#show clock

步骤 8：用 terminal history size 命令设置命令缓冲区大小为 20。

router#terminal history size 20

路由器课后训练拓扑图如图 4-2 所示。

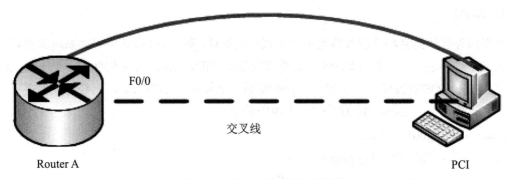

图 4-2 路由器课后训练拓扑图

4.2 路由器密码恢复

某高校网络管理员接收一个新园区的网络管理工作，在管理网络设备的过程中发现部分路由器的特权模式密码不对，设置密码的人已经无法联系到。现各网段和网络工作都正常，但是有些新的网络信息需要进行配置更新。

现在网络工作正常，只是有些信息要进行更新，要进行设备的配置就必须有特权模式的密码才能正常登录路由器并且进行配置。现在要对设备的密码进行破解重置，但是不能破坏现在稳定运行的网络环境。

要破解路由器的密码，该管理员可以在下班后，试图对这台路由器进行口令恢复。重置路由器的特权模式密码，同时要保存本来已经稳定运行的其他配置文件。

4.2.1 cisco IOS 软件中的引导选项

在进行思科路由器密码恢复前需要了解 cisco IOS 软件的一些常识，特别是引导选项在后面的密码恢复时就会用到。在 cisco 系列中可以通过以下三种方式来引导 IOS 软件。

1. 闪存（flash memory）

通过这种方法可以复制一个系统映像，而无需修改只读存储器（ROM）。当从 TFTP 服务器加载系统映像出现故障的时候，存储在闪存中的信息并不会因此而造成丢失现象。

2. 网络服务器（network server）

router # configure terminal

router （config）#boot system tftp test.exe 172.16.13.111

router # copy running-config startup-config

3. ROM

如果闪存崩溃而且网络服务器也不能加载系统映像，那么从 ROM 中启动系统就是软件中最后一个引导选项了。然而 ROM 中的系统映像很可能是 cisco IOS 软件的一个子集，但缺乏完整 cisco IOS 软件所需的协议、属性和配置。如果在购买路由器后已经对软件进行了升级，那这也可能是 cisco IOS 软件的一个更旧的版本。

router # configure terminal

router #（config）#boot system rom

router # copy running-config startup-config

4.2.2　cisco 路由器密码恢复原理

cisco 路由器可以保存几种不同的配置参数并存放在不同的内存模块中。以 cisco 2500 系列为例内存包括 ROM、闪存（flash memory）、非易失 RAM（nvram）、RAM 和动态内存（dram）五种。

通常，当路由器启动时，首先运行 ROM 中的程序，其次进行系统自检及引导，最后运行闪存中的 IOS 并在 nvram 中寻找路由器配置并装入 dram 中。

口令恢复的关键在于对配置登记码（configuration register value）进行修改，从而让路由器从不同的内存中调用不同的参数表进行启动。有效口令存放在 nvram 中，因此修改口令的实质是将登记码进行修改，从而让路由器跳过 nvram 中的配置表直接进入 ROM 模式。然后对有效口令和终端口令进行修改或者重新设置有效加密口令，完成后再将登记码恢复。

4.2.3　cisco 路由器密码恢复类别

Cisco 路由器密码恢复类别有：有效加密口令、有效口令和终端口令三种。

（1）有效加密口令（enabled secret password）：安全级别最高的加密口令在路由器的配置表中以密码的形式出现。

（2）有效口令（enabled password）：安全级别高的非加密口令，当没有设置有效加密口令时，使用该口令。

（3）终端口令（enabled password）：用于防止非法或未授权用户修改思科路由器密码恢复在用户通过主控终端对路由器进行设置时，使用该口令。

实训 2：路由器密码恢复

路由器密码恢复拓扑结构如图 4-3 所示，地址表如表 4-1 所示。

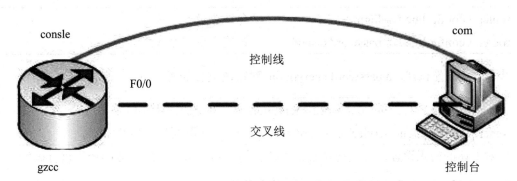

图 4-3　路由器密码恢复拓扑结构

表 4-1　地址表

设备	接口	IP 地址	子网掩码	默认网关
router	F0/0	192.168.1.1	255.255.255.0	无
PC1	网卡	192.168.1.10	255.255.255.0	192.168.1.1

1. 路由器密码的配置与取消

步骤 1：进入全局配置模式。

```
router>
router> enable  进入特权模式
router# config terminal  进入全局配置模式
router（config）#
```

步骤 2：设置特权非加密口令。

```
router（config）# enable password cisco1     //设置口令为 cisco1
```

步骤 3：设置特权加密口令

```
router（config）# enable secret cisco2     //设置口令为 cisco2
```

步骤 4：设置控制台端口口令。

```
router（config）# line console 0              //进入控制台口初始化
router（config-line）# login                   //允许登录
router（config-line）# password cisco3        //设置登录口令 cisco3
```

步骤 5：设置 vty 线口令。

```
router（config）# line vty 0 4                 //进入虚拟终端口 vty
```

```
router（config-line）# login                    //允许登录
router（config-line）# password cisco4          //设置登录口令 cisco4
```

步骤 6：设置 perform password encryption 对密码进行加密。

```
router（config）# service password-encryption        //加密明文口令
router（config）# no service password-encryption      //取消加密口令
```

针对上述的密码设置，假设现在忘记了特权的密码，需要对路由器的密码进行破解。

2. 路由器口令恢复的技巧（以 C2621 路由器为例）

步骤 1：在路由器启动过程中，60 秒内按下【Ctrl+C】键，路由器启动后进入 rommon
模式。

```
rommon>
```

步骤 2：配置寄存器值 0x2142

```
rommon>confreg 0x2142
```

步骤 3：重新启动路由器

```
rommon>reset
```

重启以后进入路由器已经没有配置文件也不需要密码，那么下面把之前跳过的配置文
件提取到内存进行修改。改掉密码，改回寄存器的值，再把改好的运行文件保存。

步骤 4：在特权模式下将启动配置文件拷贝到运行配置（恢复路由器配置）。此时登录
到路由器是没有调用配置文件，也就是进入特权模式是没有密码的。

```
router>enable
router# copy startup-config running-config    //把有密码的配置文件复制到内存，因为已经
进入了特权模式，所以可以对这里的配置文件进行修改
```

步骤 5：在全局配置模式下重新设置密码。

```
router#config ter      //进入配置模式
Route（config）#enable secret cisco123        //修改特权模式密码
```

步骤 6：在配置模式下重新配置寄存器值。

```
router（config）# config-register 0x2102        //把前面修改的寄存器的值修改回去
```

步骤 7：保存配置。

router#write	//保存修改好的配置文件

步骤 8：重启路由器。

router#reload

重新启动以后测试使用修改过的密码来登录到网络设备。

拓展训练 2：cisco 2600 系列路由器密码恢复

熟练掌握路由器控制台（console）端口、辅助口（AUX）、虚拟终端（Vty）线路、特权模式（enable、secret）口令及密码的设置，并在此基础上掌握路由器口令的恢复。

cisco 2600 系列路由器密码恢复训练拓扑如图 4-4 所示。

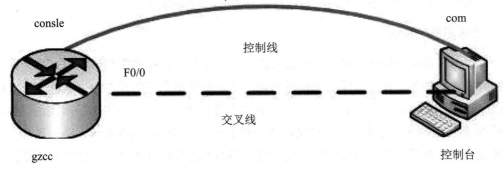

图 4-4 cisco 2600 系列路由器密码恢复训练拓扑

cisco 2600 系列路由器密码恢复训练要求如下。

（1）根据拓扑图进行网络布线。

（2）根据拓扑设计网络设备的 IP 编址情况，保证网络的连通性。

（3）按下"ctrl+break"组合键，进入 ROM monitor 模式。

（4）使用该命令修改路由器的配置寄存器的值，使路由器在下次重启时不要加载启动配置（nvram 中的 startup-config），从而跳过用户口令及特权口令的验证，进入特权模式。

（5）使用该命令重新启动路由器。重启后，看到系统提示后，选择 no 直接进入 CLI 模式，按回车键继续下一步。

（6）此时使用 show version 命令查看配置寄存器的值为 0x2142。

（7）使用 show run 命令查看配置。

（8）将 nvram 中的配置内容 startup-config 拷贝到 RAM 中的 running-config 中，方便进行修改，然后设置新口令。若没有进行该操作，会导致在下次重启后，新口令设置失败。

（9）路由器下次重启后将加载启动配置，须使用新口令进行验证，将 RAM 中的配置内容 running-config 拷贝到 nvram 中的 startup-config 中。

（10）cisco2500、2000、3000、4000 和 7000 系列路由器的口令恢复与上述操作基本相同，其主要区别为：修改配置寄存器的命令为"o/r 0x2142"，以及重启命令为"i"，其他系列的路由器与 2600 系列基本一致。

4.3　静态路由的配置

某高校今年扩大办学规模，新建了一栋宿舍楼。现在要求新宿舍楼组建内部局域网后通过路由器能与校园网相连。现要对路由器做适当的配置，实现校园网络主机相互通信。

4.3.1　路由器的功能

路由器的功能有连通不同的网络和选择信息传送的线路两种。

1. 连通不同的网络

从过滤网络流量的角度来看，路由器的作用与交换机和网桥非常相似。但是与工作在网络物理层，从物理上划分网段的交换机不同，路由器使用专门的软件协议从逻辑上对整个网络进行划分。例如，一台支持 IP 协议的路由器可以把网络划分成多个子网段，只有指向特殊 IP 地址的网络流量才可以通过路由器。对于每一个接收到的数据包，路由器都会重新计算校验值，并写入新的物理地址。因此使用路由器转发和过滤数据的速度往往要比只查看数据包物理地址的交换机慢。但是对于那些结构复杂的网络，使用路由器可以提高网络的整体效率。路由器的另外一个明显优势就是可以自动过滤网络广播。从总体上看，在网络中添加路由器的整个安装过程要比即插即用的交换机复杂很多。

2. 选择信息传送的线路

有的路由器仅支持单一协议，但大部分路由器可以支持多种协议的传输，即多协议路由器。由于每一种协议都有自己的规则，要在一个路由器中完成多种协议的算法，势必会降低路由器的性能。路由器的主要工作就是为经过路由器的每个数据帧寻找一条最佳传输路径，并将该数据有效地传送到目标站点。由此可见，选择最佳路径的策略即路由算法是路由器的关键所在。为了完成这项工作，在路由器中保存着各种传输路径的相关数据——路径表（routing table），供路由选择时使用。路径表中保存着子网的标志信息、网上路由器的个数和下一个路由器的名字等内容。路径表可以是由系统管理员固定设置好的；可以由系统动态修改；也可以由路由器自动调整；还可以由主机控制。

路由器通过获知远程网络和维护路由信息来进行数据包转发。路由器是多个 IP 网络的汇合点或结合部分。路由器主要依据第三层信息，即目标 IP 地址来做出转发决定。路由表最后会确定用于转发数据包的送出接口，然后路由器会将数据包封装为适合该送出接口的数据链路帧。

4.3.2　带下一跳地址的静态路由

路由器可通过以下两种方式获知远程网络。

（1）手动方式：通过配置的静态路由获知。

（2）自动方式：通过动态路由协议获知。

如图 4-5 所示，在 R1 和 R2 之间运行路由协议是一种浪费资源的行为，因为 R1 只有一条路径用于发送到非本地通信。因此，使用静态路由来连接到不与路由器直连的远程网络。在 R2 上配置一条静态路由，用于到达与 R1 相连的 LAN。

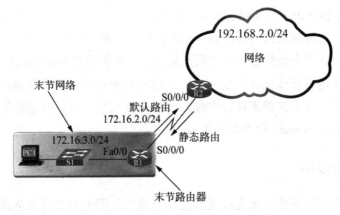

图 4-5　静态路由配置拓扑

配置静态路由的命令是 ip route。配置静态路由的完整语法如下。

router（config）#ip route network-address subnet-mask {ip-address | exit-interface}

network-address：要加入路由表的远程网络的目标网络地址

subnet-mask：要缴入路由表的远程网络的子网掩码

IP-address：一般指下一跳路由器的 IP 地址

exit-interface：将数据包转发到目标网络时使用的送出接口

4.3.3　带送出接口的静态路由

现在使用另外一种方法来配置静态路由。图 4-5 中 R1 到远程网络 192.168.2.0/24 静态路由配置的下一跳 IP 地址为 172.16.2.2，即为路由器 R2 的 S0/0/0 接口 IP 地址。配置如下。

R1（config）# ip route 192.168.2.0 255.255.255.0 172.16.2.2

此静态路由需要再进行一次路由表查找，才能将下一跳 IP 地址 172.16.2.2 解析到送出接口。多数静态路由都可以配置送出接口，这使得路由表可以在一次搜索中解析出送出接口，而不用进行两次搜索。

现在重新配置该静态路由，使用送出接口来取代下一跳 IP 地址，首先删除当前的静态路由，可以通过 no ip route 命令完成这一操作。

router（config）#no ip rotue 192.168.2.0 255.255.255.0 172.16.2.2

router（config）#ip route 192.168.2.0 255.255.255.0 s0/0/0

router（config）#end

router#show ip route

在使用 show ip route 命令检查路由表的变化是时，将看到路由表中的这一条目不再使用下一跳 IP 地址，而是直接指向送出接口。此送出接口与该静态路由使用下一跳 IP 地址时最终解析出的送出接口相同。

S 192.168.2.0/24 is directly connected，serial0/0/0

当路由表过程发现数据包与该静态路由匹配时，查找一次便能将路由解析到送出接口。而第一种方式的静态路由仍然必须经过两步处理才能解析到相同的 serial 0/0/0 接口。

当目标网络不再存在或拓扑发生变化，此时应删除相应的静态路由。但现有的静态路由无法修改，必须将现有的静态路由删除，然后重新配置一条。要删除静态路由，只需在用于添加静态路由的 ip route 命令前添加 no 即可。

4.3.4　静态路由总结

较小的路由表可以使路由表查找过程更加有效率，因为需要搜索的路由条数更少。如果可以使用一条静态路由代替多条静态路由，则可减小路由表。在许多情况中，一条静态路由可用于代表数十、数百、甚至数千条路由，因此可以使用一个网络地址代表多个子网。例如，10.0.0.0/16、10.1.0.0/16、10.2.0.0/16、10.3.0.0/16、10.4.0.0/16、10.5.0.0/16 一直到10.255.0.0/16 以上所有这些网络都可以用一个网络地址代表：10.0.0.0/8。如图 4-6 所示，R3 有三条静态路由。所有三条路由都通过相同的 serial0/0/1 接口转发通信。R3 上的这三条静态路由分别是：

ip route 172.16.1.0 255.255.255.0 serial0/0/1

ip route 172.16.2.0 255.255.255.0 serial0/0/1

ip route 172.16.3.0 255.255.255.0 serial0/0/1

如果可能，将所有这些路由总结成一条静态路由。172.16.1.0/24、172.16.2.0/24 和172.16.3.0/24 可以总结成 172.16.0.0/22 网络。

目标网络可以总结成一个网络地址，并且多条静态路由都使用相同的送出接口或下一跳 IP 地址称为路由总结。

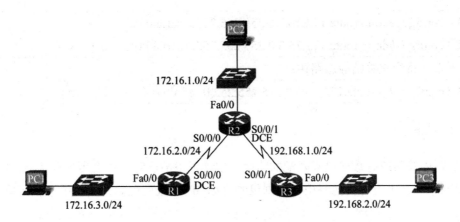

图 4-6 三条静态路由总结拓扑

例如，创建总结路由步骤如下。

（1）以二进制格式写出想要总结的所有网络。

（2）找出用于总结的子网掩码，从最左侧的位开始。

（3）将所有的二进制格式的网络地址从左向右数，找出所有连续匹配的位。

（4）当发现有位不匹配时，立即停止。当前所在的位即为总结边界。

（5）计算从最左侧开始的匹配位数，本例中为 22。该数字即为总结路由的子网掩码，本例中为/22 或 255.255.252.0

（6）找出用于总结的网络地址，方法是复制匹配的 22 位并在其后用 0 补足 32 位。

通过上述步骤，便可将 R3 上的三条静态路由总结成一条静态路由，该路由使用总结网络地址 172.16.0.0 255.255.252.0。总结路由的计算过程图如图 4-7 所示。

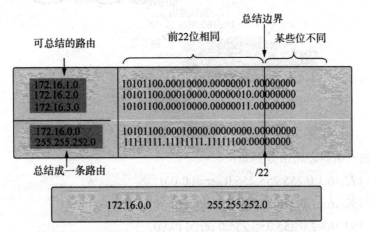

图 4-7 总结路由的计算过程图

配置总结路由前，必须删除当前的三条静态路由：

```
R3（config）#no ip route 172.16.1.0 255.255.255.0 serial0/0/1
```

R3（config）#no ip route 172.16.2.0 255.255.255.0 serial0/0/1

R3（config）#no ip route 172.16.3.0 255.255.255.0 serial0/0/1

接下来，将配置总结静态路由：

R3（config）#ip route 172.16.0.0 255.255.252.0 serial0/0/1

4.3.5 默认路由

默认路由是与所有数据包都匹配的路由。出现以下情况时，便会用到默认路由。

（1）路由表中没有其他路由与数据包的目标 IP 地址匹配。路由表中不存在更为精确的匹配。

（2）配置默认静态路由的语法类似于配置其他静态路由，但网络地址和子网掩码均为0.0.0.0：

router（config）#ip route 0.0.0.0 0.0.0.0 [exit-interface | ip-address]

0.0.0.0 0.0.0.0 网络地址和掩码也称为"全零"路由。

如图 4-8 所示，R1 是末节路由器，仅连接到 R2。目前 R1 有三条静态路由，这些路由用于到达拓扑结构中的所有远程网络。所有三条静态路由的送出接口都是 serial 0/0/0，并且都将数据包转发至下一跳路由器 R2。

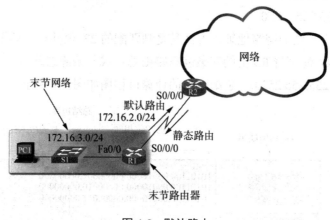

图 4-8　默认路由

R1 上的三条静态路由分别是：

ip route 172.16.1.0 255.255.255.0 serial 0/0/0

ip route 192.168.1.0 255.255.255.0 serial 0/0/0

ip route 192.168.2.0 255.255.255.0 serial 0/0/0

R1 非常适合进行路由总结，在 R1 上可以用一条默认路由来取代所有静态路由。

首先，删除三条静态路由：

R1（config）#no ip route 172.16.1.0 255.255.255.0 serial 0/0/0

R1（config）#no ip route 192.168.1.0 255.255.255.0 serial 0/0/0

R1（config）#no ip route 192.168.2.0 255.255.255.0 serial 0/0/0

其次，使用与之前三条静态路由相同的送出接口 serial 0/0/0 配置一条默认静态路由：

R1（config）#ip route 0.0.0.0 0.0.0.0 serial 0/0/0

最后，使用 show ip route 命令检验路由表的更改：

S* 0.0.0.0/0 is directly connected，serial0/0/0

请注意 S 旁边的 *（星号）表明该路由是一条默认路由。

实训 3：静态路由配置

某网络由三个网段组成，共有两个路由器，网络的结构较为简单。为实现网络网络的全网通信，现在路由器中配置静态路由实现网络的路由学习与网络通信。

静态路由配置拓扑如图 4-9 所示。

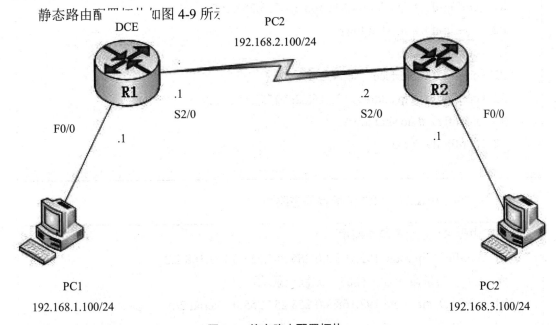

图 4-9　静态路由配置拓扑

步骤 1：在路由器 R1 上配置接口的 IP 地址和串口上的时钟频率。

```
router>enable
router#conf  ter
router （config）#hostname R1
R1（config）# interface fastethernet 0/0
R1（config-if）# ip address 192.168.1.1 255.255.255.0
R1（config-if）# no shutdown
R1（config-if）# exit
```

```
R1（config）# interface serial 2/0
R1（config-if）# ip address 192.168.2.1 255.255.255.0
R1（config-if）#clock rate 2000000          !配置 R1 的时钟频率（DCE）
R1（config）# no shutdown
R1（config-if）# exit
```

步骤 2：在路由器 R2 上配置接口的 IP 地址和串口上的时钟频率。

```
router>enable
router#conf   ter
router （config）#hostname R2
R2（config）# interface fastethernet 0/0
R2（config-if）# ip address 192.168.3.1 255.255.255.0
R2（config-if）# no shutdown
R2（config-if）# exit
R2（config）# interface   serial 2/0
R2（config-if）# ip address 192.168.2.2 255.255.255.0
R2 （config）# no shutdown
R2（config-if）# exit
```

步骤 3：在路由器 R1 和 R2 上配置静态路由。

```
在路由器 R1 上配置静态路由。
R1（config）#ip route 192.168.3.0 255.255.255.0 192.168.2.2
或：（上下两条命令是一样的，配置一条就可以）
R1（config）#ip route 192.168.3.0 255.255.255.0   serial 2/0

在路由器 R2 上配置静态路由。
R2（config）#ip route 192.168.1.0 255.255.255.0 192.168.2.1
或：（上下两条命令是一样的，配置一条就可以）
R2（config）#ip route 192.168.1.0 255.255.255.0   serial 2/0
```

步骤 4：测试路由表。

```
在路由器上使用 show IP route 查看路由表
R2#show ip route
```

```
codes：    C - connected, S - static,    R - RIP
           O - OSPF, IA - OSPF inter area
           N1 - OSPF NSSA external type 1, N2 - OSPF NSSA external type 2
           E1 - OSPF external type 1, E2 - OSPF external type 2
           * - candidate default
gateway of last resort is no set
S      192.168.1.0/24 [1/0] via 192.168.2.1              !配置的静态路由
C      192.168.2.0/24 is directly connected, serial 2/0
C      192.168.3.0/24 is directly connected, fastethernet 0/0
```

步骤 5：测试网络通信。

拓展训练 3：使用静态路由实现跨网段的网络通信

如图 4-10 所示，某企业有三个部门组成，分别处于不同的网络号。为实现网络互联使用路由器连接着三个网络，现在要去使用静态路由实现跨网段的网络通信。

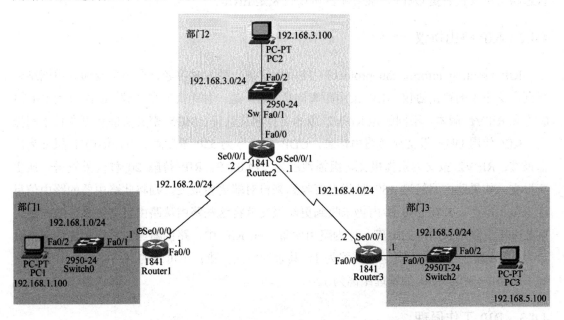

图 4-10　使用静态路由实现跨网段的网络通信

（1）根据网络的基本拓扑结构配置网络的基本连接。

（2）配置静态路由实现网络的路由学习与通信。

（3）测试网络通信。

4.4 动态路由 RIP 协议的配置

某高校今年扩大办学规模，新建了一栋宿舍楼，现在要求新宿舍楼组建内部局域网后通过路由器能与校园网相连。现要对路由器做适当的配置，实现校园网络主机相互通信。

4.4.1 动态路由分类

大型和复杂的网络环境通常不宜采用静态路由。一方面，网络管理员很难全面地了解整个网络的拓扑结构；另一方面，当网络的拓扑结构和链路状态发生变化时，路由器中的静态路由信息需要大范围地调整，工作的难度和复杂程度非常高。而采用动态路由就解决了上面所提到的问题，动态路由能够在网络发生变化的情况下自动调整路由表，从而达到动态路由的效果。

动态路由协议可分为距离向量、链路状态和混合算法。距离向量路由协议确定网络中任意一条链路的方向和距离，链路状态路由协议建立整个网路的精确拓扑结构，而混合路由协议结合了距离向量和链路状态的特点。距离向量路由协议典型代表是 RIP 协议，链路状态路由协议代表是 OSPF，混合路由协议代表是 EIGRP。

4.4.2 RIP 路由协议

RIP（routing information protocol）路由协议是一种相对古老、在小型及通介质网络中得到广泛应用的路由协议。RIP 采用距离向量算法，是一种距离向量协议。RIP 分为 RIPV1 版本和 RIPV2 版本。不同的是 RIPV2 版本支持明文认证、MD5 密文认证和可变长子网掩码。RIP 使用 DUP 报文交换路由信息，UDP 端口号为520 通常情况下，RIPV1 报文为广播报文；RIPV2 报文为组播报文，组播地址为 224.0.0.9。RIP 每隔 20 秒向外发送一次更新报文，如果路由器经过 180 秒仍没有收到来自对端更新报文，则将此路由器的路由信息标志位不可达，若在 240 秒内仍未到更新报文就将这些路由从路由表中删除。RIP 使用跳数来衡量到达目的地的距离，称为路由度量。在 RIP 中，路由器与它直接相连的网络跳数为0；通过一个路由器可达的网络为1，其余的依次类推；不可达的网络跳数为16，这限制了网络的规模。RIP 的管理距离为120。

4.4.3 RIP 工作原理

路由器周期性地向其相邻路由器广播自己知道的路由信息，用于通知相邻路由器自己可以到达的网络以及到达该网络的距离。相邻路由器可以根据收到的路由信息修改和刷新自己的路由表。其过程如下。

（1）路由器在刚刚开始工作时，只知道到直接连接的网络的距离（此距离定义为 0）。

（2）以后，每一个路由器也只和数目非常有限的相邻路由器交换并更新路由信息。

（3）经过若干次更新后，所有的路由器最终都会知道到达本系统中任何一个网络的最短距离和下一跳路由器的地址。为了维持所学路由的正确性及与邻居的一致性，运行距离矢量路由协议的路由器之间要周期性地向邻居传递自己的整个路由表。

实例：如图 4-11 所示，当路由器冷启动后，在开始交换路由信息之前，路由器将首先发现与其自身直连的网络以及子网掩码。以下信息会添加到路由器的路由表中。

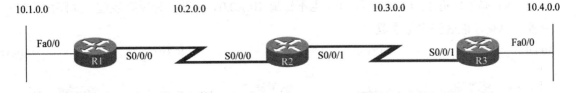

网络	接口	跳数
10.1.0.0	Fa0/0	0
10.2.0.0	S0/0/0	0
10.3.0.0	S0/0/0	1

网络	接口	跳数
10.2.0.0	S0/0/0	0
10.3.0.0	S0/0/1	0
10.1.0.0	S0/0/0	1
10.4.0.0	S0/0/1	1

网络	接口	跳数
10.3.0.0	S0/0/1	0
10.4.0.0	Fa0/0	0
10.2.0.0	S0/0/1	1

图 4-11 冷启动后路由信息

配置路由协议后，路由器就会开始交换路由更新。一开始，这些更新仅包含有关其直连网络的信息。收到更新后路由器会检查更新，从中找出新信息。任何当前路由表中没有的路由都将被添加到路由表中。

第一次更新：

R1、R2 和 R3 开始初次交换的过程。所有三台路由器都向其邻居发送各自的路由表，此时路由表仅包含直连网络。每台路由器处理更新的方式如下。

R1

➤ 将有关网络 10.1.0.0 的更新从 serial0/0/0 接口发送出去。

➤ 将有关网络 10.2.0.0 的更新从 fastethernet0/0 接口发送出去。

➤ 接收来自 R2 的有关网络 10.3.0.0 且度量为 1 的更新。

➤ 在路由表中存储网络 10.3.0.0，度量为 1。

R2

➤ 将有关网络 10.3.0.0 的更新从 serial 0/0/0 接口发送出去。

➤ 将有关网络 10.2.0.0 的更新从 serial 0/0/1 接口发送出去。

➤ 接收来自 R1 的有关网络 10.1.0.0 且度量为 1 的更新。

➤ 在路由表中存储网络 10.1.0.0，度量为 1。

➤ 接收来自 R3 的有关网络 10.4.0.0 且度量为 1 的更新。

> 在路由表中存储网络 10.4.0.0，度量为 1。

R3

> 将有关网络 10.4.0.0 的更新从 serial 0/0/0 接口发送出去。
> 将有关网络 10.3.0.0 的更新从 fastethernet0/0 发送出去。
> 接收来自 R2 的有关网络 10.2.0.0 且度量为 1 的更新。
> 在路由表中存储网络 10.2.0.0，度量为 1。

经过第一轮更新交换后如图 4-12 所示，每台路由器都能获知其直连邻居的相连网络。但是，R1 尚不知道 10.4.0.0，而且 R3 也不知道 10.1.0.0。因此，还需要经过一次路由信息交换，网络才能达到完全收敛。

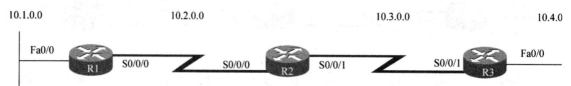

网络	接口	跳数
10.1.0.0	Fa0/0	0
10.2.0.0	S0/0/0	0
10.3.0.0	S0/0/0	1

网络	接口	跳数
10.2.0.0	S0/0/0	0
10.3.0.0	S0/0/1	0
10.1.0.0	S0/0/0	1
10.4.0.0	S0/0/1	1

网络	接口	跳数
10.3.0.0	S0/0/1	0
10.4.0.0	Fa0/0	0
10.2.0.0	S0/0/1	1

图 4-12　经过第一轮更新交换后

第二次更新：

R1、R2 和 R3 向各自的邻居发送最新的路由表。每台路由器处理更新的方式如下。

R1

> 将有关网络 10.1.0.0 的更新从 serial 0/0/0 接口发送出去。
> 将有关网络 10.2.0.0 和 10.3.0.0 的更新从 fastethernet0/0 接口发送出去。
> 接收来自 R2 的有关网络 10.4.0.0 且度量为 2 的更新。
> 在路由表中存储网络 10.4.0.0，度量为 2。
> 来自 R2 的同一个更新包含有关网络 10.3.0.0 且度量为 1 的信息。因为网络没有发生变化，所以该路由信息保留不变。

R2

> 将有关网络 10.3.0.0 和 10.4.0.0 的更新从 serial 0/0/0 接口发送出去。
> 将有关网络 10.1.0.0 和 10.2.0.0 的更新从 serial 0/0/1 接口发送出去。
> 接收来自 R1 的有关网络 10.1.0.0 的更新。因为网络没有发生变化，所以该路由信息保留不变。
> 接收来自 R3 的有关网络 10.4.0.0 的更新。因为网络没有发生变化，所以该路由信

息保留不变。

R3

➤ 将有关网络 10.4.0.0 的更新从 serial 0/0/0 接口发送出去。

➤ 将有关网络 10.2.0.0 和 10.3.0.0 的更新从 fastethernet0/0 接口发送出去。

➤ 接收来自 R2 的有关网络 10.1.0.0 且度量为 2 的更新。

➤ 在路由表中存储网络 10.1.0.0，度量为 2。

➤ 来自 R2 的同一个更新包含有关网络 10.2.0.0 且度量为 1 的信息。因为网络没有发生变化，所以该路由信息保留不变。如图 4-13 所示。

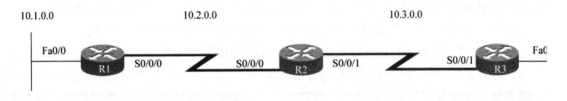

网络	接口	跳数
10.1.0.0	Fa0/0	0
10.2.0.0	S0/0/0	0
10.3.0.0	S0/0/0	1
10.4.0.0	S0/0/0	2

网络	接口	跳数
10.2.0.0	S0/0/0	0
10.3.0.0	S0/0/1	0
10.1.0.0	S0/0/0	1
10.4.0.0	S0/0/1	1

网络	接口
10.3.0.0	S0/0/1
10.4.0.0	Fa0/0
10.2.0.0	S0/0/1
10.1.0.0	S0/0/1

图 4-13　第二次更新路由表信息

4.4.4　路由环路

路由环路是指数据包在一系列路由器之间不断传输却始终无法到达预期目的。当两台或多台路由器的路由信息中存在错误地指向，不可到达目标网络的有效路径时，就可能发生路由环路。

1. 造成环路的可能原因

造成环路的可能原因有：静态路由配置错误、路由重分布配置错误（重分布表示将来自一种路由协议的路由信息转给另一种路由协议的过程）、发生了改变的网络中收敛速度缓慢、不一致的路由表未能得到更新或错误配置或添加了丢弃的路由。

2. 发生路由环路的后果

路由环路会对网络造成严重影响，导致网络性能降低，甚至使网络瘫痪。路由环路可能造成以下后果。

（1）环路内的路由器占用链路带宽来反复收发流量。

（2）路由器的 CPU 因不断循环数据包而不堪重负。

（3）路由器的 CPU 承担了无用的数据包转发工作，从而影响到网络收敛。

（4）路由更新可能会丢失或无法得到及时处理。这些会导致更多的路由环路，使情况进一步恶化。

3. 消除路由环路的机制

路由环路一般是由距离矢量路由协议引发的，目前有多种机制可以消除路由环路。这些机制主要包括以下几个。

（1）定义最大度量以防止计数至无穷大。为了防止度量无限增大，可以通过设置最大度量值来界定"无穷大"。例如，RIP 将无穷大定义为 16 跳，大于等于此值的路由即为"不可达"。一旦路由器计数达到该"无穷大"值，该路由就会被标记为不可达。

（2）抑制计时器。假设现在存在一个不稳定的网络。在很短的时间内，接口被重置为 up，然后是 down；接着再重置为 up。该路由将发生摆动。抑制计时器可用来防止定期更新消息错误地恢复某条可能已经发生故障的路由。抑制计时器指示路由器将那些可能会影响路由的更改保持一段特定的时间。如果确定某条路由为 down（不可用）或 possibly down（可能不可用），则在规定的时间段内，任何包含相同状态或更差状态的有关该路由的信息都将被忽略。这表示路由器将在一段足够长的时间内将路由标记为 unreachable（不可达），以便路由更新能够传递带有最新信息的路由表。

（3）水平分割。水平分割是指防止由于距离矢量路由协议收敛缓慢而导致路由环路。水平分割规则：路由器不能使用接收更新的同一接口来通告同一网络。

（4）路由毒化或毒性反转。路由毒化是距离矢量路由协议用来防止路由环路的一种方法。路由毒化用于在发往其他路由器的路由更新中将路由标记为不可达。标记"不可达"的方法是将度量设置为最大值。对于 RIP，毒化路由的度量为 16。

毒性反转可以与水平分割技术结合使用。这种方法称为带毒性反转的水平分割。"带毒性反转的水平分割"规则：从特定接口向外发送更新时，将通过该接口获知的所有网络标示为不可达。

（5）触发更新。当拓扑结构发生改变时，为了加速收敛，RIP 将使用触发更新。触发更新是一种路由表更新方式，此类更新会在路由发生改变后立即发送出去。触发更新不需要等待更新计时器超时。检测到拓扑结构变化的路由器会立即向相邻路由器发送更新消息。接收到这一消息的路由器将依次生成触发更新，以通知邻居拓扑结构发生了改变。

当发生以下情况之一时，就会发出触发更新。

➢ 接口状态改变（开启或关闭）。

➢ 某条路由进入（或退出）不可达状态。

➢ 路由表中增加了一条路由。

4.4.5　配置 RIPV2

1. 创建 RIP 路由进程

```
router（config）#router rip                          //创建 RIP 路由进程
router（config-router）#network 10.0.0.0            //声明关联网络
注：RIP 只对外通告关联网络的路由信息；
RIP 只向关联网络所属接口通告路由信息。
```

2. RIP 版本定义

cisco 路由器上的 RIP 版本配置非常简单，只需要一条命令就可以完成。

```
router （config）#router rip
router （config-router）#version {1|2}
```

3. 配置被动接口

如果路由器的某个接口没必要接收 RIP 路由更新广播信息，或者是出于某种目的不想公布自己某些网络信息，可采用被动接口。

```
router（config）#router rip
router（config-router）#passive-interface fastethernet 0/0
```

4. RIP 数据包的发送和接收控制

可以在路由器上控制路由器某个接口接收和发送任何一个版本的路由更新信息，具体配置方法如下。

```
route（config）#int f0/0
route（config-if）#ip rip send version 1           //指定发送 RIPV1 数据包
route（config-if）#ip rip send version 2           //指定发送 RIPV2 数据包
route（config-if）#ip rip send version 1 2         //指定发送 RIPV1 和 RIPV2 数据包
route（config-if）#ip rip receive version 1        //指定接收 RIPV1 数据包
route（config-if）#ip rip receive version 2        //指定接收 RIPV2 数据包
route（config-if）#ip rip receive version 1 2 //指定接收 RIPV1 和 RIPV2 数据包
```

5. RIP 取消自动总结

默认情况下，RIPv2 与 RIPv1 一样都会在主网边界上自动总结，禁用自动总结后，RIPv2 不再在边界路由器上将网络总结为有类地址。

```
router（config）#router rip
router（config-router）#no auto-summary
```

6. RIPV2 认证

认证 RIPV2 的特性之一：要求认证的 RIP 路由器在收到其他 RIP 路由发送来的 RIP 路由更新时，会检查其 RIP 更新包中的密钥，只有和本路由器 RIP 密钥相同的路由更新才被接受并保存到本地路由表中。RIPV2 的认证有两种方式：明文认证和密文（MD5）认证。在 RIPV2 明文认证方式中，密钥以明文的方式存储在 RIP 更新报文中发送。在密文认证方式中，密钥以 MD5 的加密形式存储在 RIP 更新报文中发送。需要注意的是 RPV2 版本的认证是基于链路（接口）的认证方式，即在同一台路由器上存在多条链路。可以在一个接口上启用明文认证；一个接口上启用密文验证；一个接口上不进行认证。

明文认证的配置方法如下。

```
router（config）#key chain nb //创建一个名字为 nb 的密钥链，不必和路由器 B 相同。
router（config-keychain）#key 1 //指明引用第一个密钥
router（config-keychain-key）#key-string nb123 //设置第一个密钥值为 nb123 必须路由
器 B 相同
router（config-keychain-key）#exit
router（config-keychain）#exit
router（config）#int f0/0   //进入需要配置验证的接口
router（config-if）#ip rip authentication key-chain nb //启用 RIP 认证并引用前面定义的
密钥链 "nb"
router（config-if）#ip rip authentication mode text //定义验证模式为明文验证
```

暗文认证的配置方法如下。

```
router（config）#key chain nb //创建一个名字为 nb 的密钥链，不必和路由器 B 相同
router（config-keychain）#key 1 //指明引用第一个密钥
router（config-keychain-key）#key-string nb123 //设置第一个密钥值为 nb123 必须路由器
B 相同
router （config-keychain-key）#exit
router （config-keychain）#exit
router（config）#int f0/0 //进入需要配置验证的接口
router（config-if）#ip rip authentication key-chain nb //启用 RIP 认证并引用前面定义的
密钥链 "nb"
router（config-if）#ip rip authentication modeMD5 //定义验证模式为 MD5 密文验证
```

实训 4：动态路由 RIP 协议配置

某网络由三个网段组成，共有两个路由器。网络的结构较为简单，为实现网络的全网

通信，现在路由器中配置静态路由实现网络的路由学习与网络通信步骤如下。

（1）根据拓扑图进行网络布线。

（2）检查网络的当前状态。

（3）在所有路由器上配置 RIPv2。

（4）禁用自动总结。

（5）检验网络连通性。

动态路由 RIP 协议配置拓扑如图 4-14 所示。

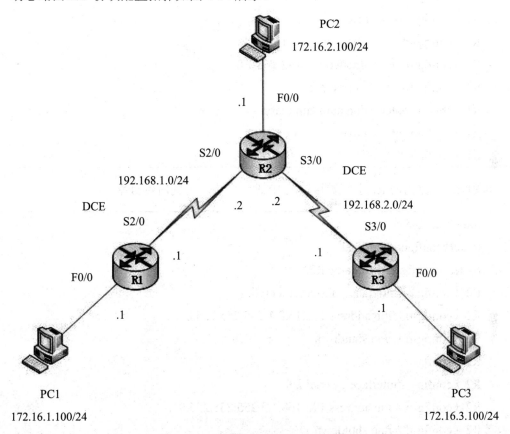

图 4-14 动态路由 RIP 协议配置拓扑

步骤 1：在路由器 R1 上配置接口的 IP 地址和串口上的时钟频率。

```
router>enable
router#configure terminal
router（config）#hostname R1
R1（config）#interface    fastethernet 0/0
R1（config-if）#ip address 172.16.1.1 255.255.255.0
R1（config-if）#no shutdown
```

```
R1（config-if）#exit
R1（config）#interface   serial   2/0
R1（config-if）#ip address 192.168.1.1 255.255.255.0
R1（config-if）#clock rate 2000000
R1（config-if）#no shutdown
R1（config-if）#exit
R1（config）#
R1（config）#router rip
R1（config-router）#network 172.16.1.0
R1（config-router）#network   192.168.1.0
R1（config-router）#version 2
R1（config-router）#no auto-summary
R1（config-router）#exit
R1（config）#
```

步骤 2：在路由器 R2 上配置接口的 IP 地址和串口上的时钟频率。

```
router>enable
router#configure terminal
router（config）#hostname R2
R2（config）#interface   fastethernet 0/0
R2（config-if）#ip address 172.16.2.1 255.255.255.0
R2（config-if）#no shutdown
R2（config-if）#exit
R2（config）#interface   serial 2/0
R2（config-if）#ip address 192.168.1.2 255.255.255.0
R2（config-if）#no shutdown
R2（config-if）#exit
R2（config）#interface   serial 3/0
R2（config-if）#ip address 192.168.2.2 255.255.255.0
R2（config-if）#clock   rate 2000000
R2（config-if）#no shutdown
R2（config-if）#exit
R2（config）#
R2（config）#router   rip
```

```
R2（config-router）#network 192.168.1.0
R2（config-router）#network    172.16.2.0
R2（config-router）#network 192.168.2.0
R2（config-router）#version    2
R2（config-router）#no auto-summary
R2（config-router）#exit
R2（config）#
```

步骤 3：在路由器 R1 和 R2 上配置静态路由。

```
router>enable
router#configure    terminal
router（config）#hostname R3
R3（config）#interface    serial 3/0
R3（config-if）#ip address 192.168.2.1 255.255.255.0
R3（config-if）#no shutdown
R3（config-if）#exit
R3（config）#interface    fastethernet    0/0
R3（config-if）#ip address 172.16.3.1 255.255.255.0
R3（config-if）#no shutdown
R3（config-if）#exit
R3（config）#
R3（config）#router    rip
R3（config-router）#network    172.16.3.0
R3（config-router）#network    192.168.2.0
R3（config-router）#version    2
R3（config-router）#no auto-summary
R3（config-router）#exit
R3（config）#
```

步骤 4：测试路由表。

```
R1#sho ip route
codes：  C - connected, S - static, I - IGRP, R - RIP, M - mobile, B - BGP
         D - EIGRP, EX - EIGRP external, O - OSPF, IA - OSPF inter area
         N1 - OSPF NSSA external type 1, N2 - OSPF NSSA external type 2
         E1 - OSPF external type 1, E2 - OSPF external type 2, E - EGP
         i - IS-IS, L1 - IS-IS level-1, L2 - IS-IS level-2, ia - IS-IS inter area
```

```
                * - candidate default, U - per-user static route, o - ODR
                P - periodic downloaded static route
gateway of last resort is not set
        172.16.0.0/24 is subnetted, 3 subnets
C           172.16.1.0 is directly connected, fastethernet0/0
R           172.16.2.0 [120/1] via 192.168.1.2, 00：00：26, serial2/0
R           172.16.3.0 [120/2] via 192.168.1.2, 00：00：26, serial2/0
C       192.168.1.0/24 is directly connected, serial2/0
R       192.168.2.0/24 [120/1] via 192.168.1.2, 00：00：26, serial2/0
R1#
```

步骤 5：测试网络通信。

拓展训练 4：使用 RIP 协议实现跨网段的网络通信

如图 4-15 所示，某企业有三个部门组成，分别处于不同的网络号，为实现网络互联使用路由器连接着三个网络，现在要去使用 RIP 协议实现跨网段的网络通信。

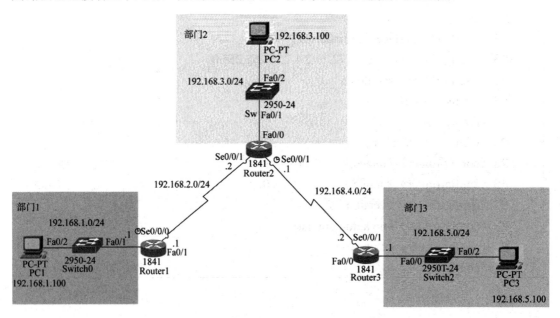

图 4-15　使用 RIP 协议实现跨网段的网络通信

（1）根据网络的基本拓扑结构配置网络的基本连接。

（2）配置动态路由 rip 协议实现网络的路由学习与通信。

（3）测试网络通信。

4.5　动态路由 OSPF 协议的配置

RIP 路由协议中用于表示目标网络远近的唯一参数为跳（HOP），即到达目标网络所要经过的路由器个数。在 RIP 路由协议中，该参数被限制为最大 15，也就是说 RIP 路由信息最多能传递至第 16 个路由器。对于 OSPF 路由协议，路由表中表示目标网络的参数为 cost，该参数为一虚拟值，与网络中链路的带宽等相关，也就是说 OSPF 路由信息不受物理跳数的限制。OSPF 路由协议还支持 TOS（type of service）路由，因此 OSPF 比较适合应用于大型网络中。

4.5.1　动态路由 OSPF 协议的基本知识

1. OSPF 术语

学习一些术语可以更快更好的理解 OSPF 协议。OSPF 术语如下。

➢ 邻居：邻居被定义为一个运行有 OSPF 过程的已建立连接的（相邻）路由器，并且这个路由器还要带有被指定为相同区域的邻接接口。邻居是通过 hello 数据包来发现的。除非邻接关系建立，否则路由信息不会在邻居间交换。

➢ 邻接：邻接被定义为路由器与它相应的指定路由器和备份指定路由器间的逻辑连接，这个关系类型的形成将主要取决于连接 OSPF 路由器的网络类型。在点到点连接中，两个路由器将形成相互的邻接关系。

➢ 链路：在 OSPF 中，链路被定义为一个网络或者是指定为给定网络的路由器接口。在 OSPF 中，链路与接口的含义是相同的。

➢ 接口：接口是路由器上一个物理的或逻辑的接口。当一个接口被加入到 OSPF 过程时，便被 OSPF 认为是一个链路。如果这个接口是激活的，那么这个链路也是激活的。OSPF 使用这个关联来建立它自己的链路数据库。

➢ 链路状态通告：链路状态通告（LSA）是一个 OSPF 数据包，包含有可在 OSPF 路由器间共享的链路状态和路由信息。

➢ 指定路由器（DR）：指定路由器只在 OSPF 路由器被连接到一个广播（多路访问）网络时使用。为了减少所形成的邻接数目，DR 被选择进行散布/接收路由信息到广播网络或链路上的其余的路由器。

➢ 备份指定路由器（BDR）：备份指定路由器是在广播（多路访问）网络中热备份的 DR。BDR 将从 OSPF 邻接的路由器处接收所有的路由更新，但是它并不扩散 LSA 更新。

➢ OSPF 区域：OSPF 区域与 EIGRP 自治系统相似。区域被用于建立一个分层网络。

➢ 内部路由器：内部路由器是所有接口都被加入一个区域中的路由器。

> 区域边界路由器：区域边界路由器（ABR）是有多个区域分配的路由器。某个接口可能只属于一个区域。如果一个路由器有多个接口并且如果这些接口中的某一些属于同的区域，则这个路由器就被称为ABR。

> 自治系统边界路由器：自治系统边界路由器（ASBR）是一个带有连接外部网络或不同AS接口的路由器。一个外部网络或自治系统是指一个属于不同路由选择协议的接口，如EIGRP。ASBR负责通过从其他路由选择协议中了解路由信息并引入到OSPF中。

> 非广播多路访问：非广播多路访问（NBMA）网络是指像帧中继、X.25和ATM等类型的网络。这种网络允许多路访问，但没有像以太网那样的广播能力。NBMA网络需要特定的OSPF配置以完成相应的功能。

> 广播（多路访问）：正如以太网一样，在允许多路访问的同时又提供广播能力。对于多路访问的广播网络，必须要推选DR和BDR。

> 点到点：这种类型的网络连接由独特的NBMA配置所组成。这个网络可以使用帧中继和ATM配置成点到点的连接。这个配置中可以省去DR和BDR。

> 路由器ID：路由器ID是一个用于识别路由器的IP地址。如果被配置，那么cisco就会选择使用这个被配置的路由器ID。如果路由器ID没有被配置，这个路由器的ID将会是所有已配置的回送接口中最高的IP地址。如果没有回送地址被配置，那么OSPF将会选择路由器上被配置接口的最高的IP地址作为路由器ID。

2. OSPF的三张表

OSPF常用的三张表有邻居表、拓扑表和路径表。

（1）邻居表（neighbor table）：列出了所有和本路由器直接相连的OSPF邻居。

（2）拓扑表（topology table）：LSDB链路状态数据库，列举了所有从自己的邻居那得到的LSA,（flooding,泛洪），在同一个OSPF区域中的路由器都有完全一致的OSPF database。一个OSPF区域，就对应着一个OSPF database。

（3）路径表（routing table）：从OSPF这个路由协议，学到的路由。

在OSPF的数据库中，通过SPF算法，可以计算得到路由。

3. OSPF网络的层次化设计

通常，Ospf主要分为两个层次：一是传输区域（backbone area）；二是普通区域（nonbackbone areas）。其目的如下。

（1）提高路由效率。缩减部分路由器的OSPF的路由条目。对某些特定的LSA，可以在区域边界（ABR/ASBR）上，实现汇总/控制/过滤。（通过OSPF的汇总路由/默认路由实现OSPF区域之间的全网互通）

（2）提高网络稳定性。当某个区域内的一条OSPF路由出现抖动时，不会影响其他的区域。这样可以有效控制受影响的波及面。（对于大型的路由协议来说，稳定是很重要的一个因素。）

（3）OSPF 采用分层的区域具有比较好的可扩展性。

4. OSPF 协议的类型

OSPF 协议运行在多种物理网络链路类型上，主要有以下三种。

（1）点对点链路（HDLC/PPP serial/ point 2 point sub-if，P2P）：一定要求是 full 状态，没有 DR/BDR 的选举的。例如，如图 4-16 所示为广域网上两台路由器直连。

图 4-16　广域网上两台路由器直连

（2）广播多路访问（broadcast multi-access，BMA）。例如，如图 4-17 所示为局域网，有 DR/BDR 的选举的，默认可以传输广播流量的，多路访问网络。

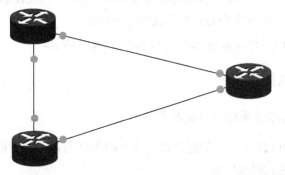

图 4-17　局域网

（3）非广播多路访问（non-broadcast multi-access，NBMA）。例如，如图 4-18 所示为广域网的帧中继，有 DR/BDR 的选举的，但默认不传输广播流量的多路访问网络。

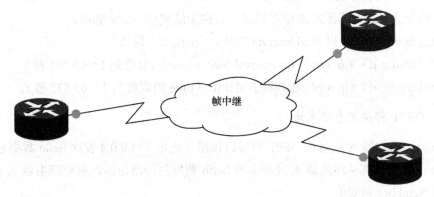

图 4-18　广域网的帧中继

5. OSPF 的 SPF 算法

OSPF 的 SPF 算法有以下几个。

（1）每一个 OSPF 区域，就对应着一个独立的 OSPF database（LSDB）意味着同在一个 OSPF 区域中的，所有路由器都有相同的 LSDB

（2）每一个 OSPF 路由器，都生成了以自己为根的一棵 SPF 树。

（3）从本路由器出发，到特定目标网络的整体开销最小的那个路径，成为最佳路径。那么这条最佳路径，就成为 OSPF 这个协议提交给路由表的到达这个目标网络的路由。

6. OSPF 虚链路的应用要点

OSPF 虚链路的应用要点如下。

（1）默认情况下所有区域必须连到骨干区域。

（2）在大型网络工程中，由于历史原因，导致网络扩展不佳，迫于网络扩容的原因，被迫新建 OSPF 区域，使用 OSPF 虚链路。

（3）在大型网络中，处于网络冗余考虑，选择合适的 ABR 做 OSPF-VL，避免因为个别物理链路的中断，导致整个 OSPF 区域的全网中断。

（4）导致 OSPF 的 area0 区域出现双 backbone 的情况。

4.5.2 OSPF 的的邻居关系

1. 影响建立邻居关系的个关键因素

在 OSPF 的 hello 包中，影响建立邻居关系的关键因素有以下四个。

（1）hello 和死亡时间间隔。

（2）链路所在的 area ID。

（3）OSPF 认证的密码。

（4）NSSA 标示位。

这四个因素必须匹配才能建立邻居，否则无法建成 OSPF 邻居。

修改 hello interval 和 dead interval 的值：（在接口上修改）。

R1（config-if）#ip ospf hello-interval time（time 的取值为 1～65 535 秒）。

R1（config-if）#ip ospf dead-interval time（time 的取值为 1～65 535 秒）。

2. OSPF 邻接关系的术语

down：路由器 A 从运行 OSPF 的接口以组播地址 224.0.0.4 发送 hello 数据包。

init：所有收到从路由器 A 发送来的 hello 数据包的路由器，都把路由器 A 添加到自己的邻居 Neighbor 列表中。

two way：所有收到路由器 A 的 hello 包的路由器都向其发送一个单点传送的回复 hello

包，其中包含它们的信息。路由器 A 收到信息后，检查这些数据包，把哪些 hello 包的邻居域中有自己 ID 的路由器也加入自己的邻居列表中。在这个过程中同时选举出 DR 和 BDR。

exstart：DR 和 BDR 与其他的路由器建立相邻关系（adjacency）。

exchange：由 DR 向其他路由器发送数据库描述数据包（database description，DBD）。DBD 有序号，由 DR 决定 DBD 的序号。

loading：发送链路状态请求包的过程。

full：路由器及哪个新的链路状态条目添加到链路状态数据库中。当所有的 LSR 都得到答复时，相邻的路由器就被认为达到了同步并处于"full"状态。路由器必须在达到"full"状态后才能正常转发数据。此时区域内的每个链路应该都有相同的数据链路状态数据库。

4.5.3　OSPF 的路由

1. OSPF 的路由器 ID（要求全网唯一）

OSPF 的路由器 ID 要求全网唯一。一旦启动 OSPF，立刻确定 router-ID，通过 show ip ospf 命令可以察看 router-ID。在 OSPF 路由器上，按下面的步骤可确定 router_ID。

步骤 1：建议使用 router-id 命令来确定 router-ID。通过 router-id 命令，修改 router-ID，其优先级别最高，也是建议的（先建立一个 LOOPBACK 口作为 R-ID 用）。

R1（config）#router ospf 110

R1（config-router）#router-id 1.1.1.1

步骤 2：假如没有通过 router-id 命令指定 router-id，那么路由器会自动地将自己的环回口的 IP，作为 router-id。如果存在多个环回口，那么路由器会自动的选择一个 IP 地址值最大的那个环回口 IP 作为自己的 router-ID。

步骤 3：如果路由器上，连一个环回口都没有，那么路由器会自动从当前是 active（激活状态下：UP/UP）的物理接口中，选择 IP 地址最大的那个接口的 IP 作为自己的 router-ID。这是很不稳定的，不建议此方法。

2. 通过反掩码控制接口，再运行 OSPF

R1（config）#router ospf 1　　　　　　//启动 OSPF，并宣告网络

R1（config-router）#network 192.16.1.1 0.0.0.0 area 0　　//表示特定一个接口，在运行 OSPF 协议

R3（config-router）#network 0.0.0.0 255.255.255.255 area 0　　//表示路由器上的所有接口，都运行 OSPF 协议

反掩码/通配符：wild card bits，反掩码的匹配原则：

0：表示准确匹配

1：表示忽略不计

注意：network 命令中携带的反掩码，不表示这个接口所在的网络长度，而表示运行路由协议的接口范围（有哪些接口在运行 EIGRP/OSPF）

3. DR/BDR 的选举

DR/BDR 的选举只发生在多路访问网络/multi-access network、BMA 和 NBMA 上，点到点链路不需要进行 DR/BDR 的选举。

用 show 命令查看 OSPF 路由器的 DR/BDR 的状态。

router#sh ip ospf interface e0/0

      router ID 100.0.0.1,

        state DR?BDR/DR-other,priority 1

（1）在点对点链路，是没有 DR/BDR 的选举。

（2）在 BMA 网络中：OSPF 首先通过接口优先级，控制 DR/BDR 的选举：（优先级越大，越可能成为 DR。）OSPF 路由器的接口优先级，默认是 1。

如果需要进行 DR 的人为控制，应该建议，通过 OSPF 的接口优先级进行控制。修改特定接口的优先级的命令如下：

R1（config）#int e0　　　　　　　　　　　//进入接口

R1（config-if）#ip ospf priority 10　　//修改特定接口的优先级（OSPF priority：0～255）

注意：OSPF 的优先级是针对某个特定的接口而言的，不是针对整个路由器的。

OSPF 的接口优先级相同的情况：如果 OSPF 路由器的优先级，全部都是默认值 1。路由器默认通过 router-ID，选举 DR/BDR，router-ID 最大的成为 DR，次大的成为 BDR，其余的都是 DR-other。

（3）OSPF 的接口优先级如果为 0，表示该路由器放弃 DR 选举。

（4）在 hub&spoke 的 NBMA 网络中，中心点（HUB）应该成为 DR，无 BDR。

（5）OSPF 的 DR/BDR 的选举，无抢占性。在选出 DR/BDR 后，如果有新的优先级更高的路由器加入，那么新加入的路由器并不会成为 DR/BDR，需要在下次选举中才能生效。

在一个 MA 网络中，DR/BDR 与所有的邻居都是 full 状态，DR-other 与 DR/BDR 是 full 的，但与别的 DR-other 是 2way 状态。注意：只有 full 状态才能交换路由信息。即 DR-other 与 DR-other 之间是不交换路由信息的。如图 4-19 所示。

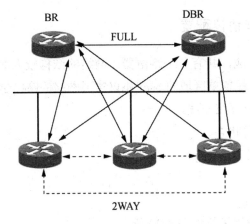

图 4-19　MA 网络

4. 路由汇总

（1）RIP 和 EIGRP 的路由汇总是设置在接口上的，是 DV 协议。

（2）链路状态路由协议的路由汇总需要在路由进程中设置，链路状态协议没有自动汇总的特性。

（3）OSPF 的域间汇总发生在连接不同 ospf 区域的 ABR 上。

（4）OSPF 的域外汇总，发生在 OSPF 与别的路由协议相连的 ASBR 上。

在 OSPF 协议下向区域内产生一条默认路由的语法：

R1（config-router）#default-information originate　[always]

使用 default-information originate 命令产生缺省路由的前提是，使用该命令的路由器必须存在一条默认路由。

如果不使用参数 always，那么路由器上必须存在一条 0/0 的默认路由，把默认路由通过到整个区域，否则该命令不起作用。但使用参数 always 时，无论路由器上是否存在 0/0 的默认路由，使用该命令的路由器总会向区域内注入一条默认路由。

5. OSPF 的 4 个 show 命令

OSPF 必须查看的 show 命令有以下四个。

（1）show ip ospf interface：查看哪些接口在运行 OSPF，本路由器是 DR/BDR、DR-other；优先级。

（2）show ip ospf neighbor：查看路由器的 OSPF 邻居表，当前有哪些 OSPF 的邻居，DR/BDR/DR-other 状态。

（3）show ip ospf database：查看路由器的 LSDB。

（4）show ip route ospf：查看从 OSPF 学到的路由。

实训 5：动态路由 ospf 协议配置

某网络由四个网段组成，共有三个路由器，网络的结构较为简单。为实现网络网络的全网通信，现在路由器中配置单区域的 ospf 协议实现网络的路由学习与网络通信。

（1）根据拓扑图进行网络布线。

（2）检查网络的当前状态。

（3）在所有路由器上配置 ospf 协议单区域。

（4）禁用自动总结。

（5）检验网络连通性。

动态路由 ospf 协议配置拓扑如图 4-20 所示。

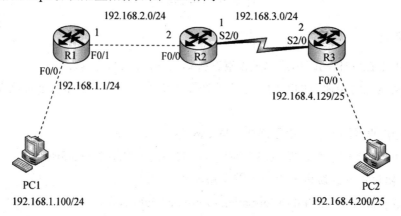

图 4-20 动态路由 ospf 协议配置拓扑

步骤 1：在路由器 r1 上的配置。

```
router>enable
router#configure terminal
router（config）#hostname r1
r1（config）#r1（config）#interface    fastethernet 0/0
r1（config-if）#ip address 192.168.1.1 255.255.255.0
r1（config-if）#no shutdown
r1（config-if）#exi
r1（config）#interface    fastethernet    0/1
r1（config-if）#ip address    192.168.2.1 255.255.255.0
r1（config-if）#no shutdown
r1（config-if）#
r1（config）#router ospf    100
```

```
r1（config-router）#network 192.168.1.0 0.0.0.255 area 0
r1（config-router）#network 192.168.2.0 0.0.0.255 area 0
r1（config-router）#exi
r1（config）#
```

步骤 2：在路由器 r2 上的配置。

```
router>enable
router#configure terminal
router（config）#hostname r2
r2（config）#interface   fastethernet   0/0
r2（config-if）#ip address   192.168.2.2 255.255.255.0
r2（config-if）#no shutdown
r2（config-if）#exi
r2（config）#interface   se 2/0
r2（config-if）#ip address   192.168.3.1 255.255.255.0
r2（config-if）#clock rate 64000
r2（config-if）#no shutdown
r2（config）#
r2（config）#router ospf   100
r2（config-router）#network 192.168.2.0 0.0.0.255 area 0
r2（config-router）#network 192.168.3.0 0.0.0.255 area 0
r2（config-router）#exit
r2（config）#
```

步骤 3：在路由器 r3 上的配置。

```
router>enable
router#configure terminal
router（config）#hostname r3
r3（config）#interface   fastethernet   0/0
r3（config-if）#ip address   192.168.4.129 255.255.255.0
r3（config-if）#no shutdown
r3（config-if）#exi
r3（config）#interface   se 2/0
r3（config-if）#ip address   192.168.3.2 255.255.255.0
```

```
r3 （config-if）#no shutdown
r3 （config）#
r3 （config）#router ospf   100
r3 （config-router）#network 192.168.4.128 0.0.0.127 area 0
r3 （config-router）#network 192.168.3.0 0.0.0.255 area 0
r3 （config-router）#exit
r3 （config）#
```

步骤 4：测试路由表。

show ip route 可以查看路由表。

步骤 5：测试网络通信。

拓展训练 5：使用多区域的 OSPF 协议实现跨网段的网络通信

某企业有多个部门组成，分别处于不同的网络号。为实现网络互联使用路由器连接网络，现在要去使用多区域的 OSPF 协议实现跨网段的网络通信，如图 4-21 所示。

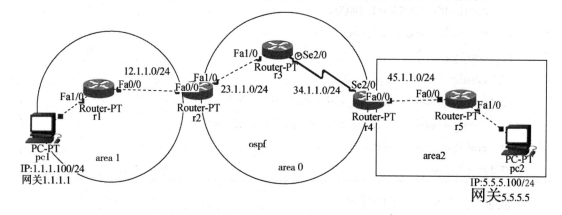

图 4-21　使用多区域的 OSPF 协议实现跨网段的网络通信

（1）根据网络的基本拓扑结构配置网络的基本连接。

（2）配置动态路由多区域的 OSPF 协议实现网络的路由学习与通信。

（3）测试网络通信。

4.6　动态路由 EIGRP 协议的配置

某高校今年扩大办学规模，新建了一栋宿舍楼，现在要求新宿舍楼组建内部局域网后通过路由器能与校园网相连。现要对路由器做适当的配置，实现校园网络主机相互通信。

由于设备全部采用 cisco 的网络设备，这里使用 cisco 私有的 EIGRP 协议实现网络的路由与通信。

4.6.1 EIGRP 的概念

EIGRP 被称为增强型距离矢量路由协议，是一种距离矢量路由协议。EIGRP 使用扩散更新算法（DUAL）。尽管 EIGRP 仍是一种距离矢量路由协议，但因为使用 DUAL，所以具有传统距离矢量路由协议所不具备的新功能。EIGRP 不会发送定期更新，路由条目也不会过期。EIGRP 使用一种轻巧的 hello 协议来监控它与邻居的连接状态。仅当路由信息变化时（例如新增了链路或链路变得不可用时），才会产生路由更新。EIGRP 路由更新仍然是传输给直连邻居的距离矢量。

EIGRP 的 DUAL 是在路由表之外另行维护一个拓扑表，该拓扑表不仅包含通向目标网络的最佳路径，还包含被 DUAL 确定为无环路径的所有备用路径。"无环"表示邻居没有通过本路由器到达目标网络的路由。

路径必须满足一个称为可行性条件的要求，才能被 DUAL 确定为有效的无环备用路径。符合此条件的所有备用路径一定是无环路径。由于 EIGRP 是一种距离矢量路由协议，因此可能存在不符合可行性条件的无环备用路径，并且这些路径不会被 DUAL 作为有效无环备用路径存入拓扑表。

如果一条路径变得不可用，DUAL 会在其拓扑表中搜索有效的备用路径。如果存在有效的备用路径，该路径会立即被输入到路由表中。如果不存在，则 DUAL 会执行网络发现过程，看是否存在不符合可行性条件要求的备用路径。

4.6.2 EIGRP 的主要特点

EIGRP 不使用抑制计时器，而是使用一种在路由器间协调的路由计算系统（扩散计算）来实现无环路径。EIGRP 增强型内网关路由协议，是 cisco 专有的路由选择协议。EIGRP 的主要特点有以下几个方面。

（1）因为 EIGRP 通告路由信息时携带掩码，所以支持 VLSM、无类路由和不连继网络无环路。

（2）主要依据链路状态选择到达目标的最佳路由。

（3）可支持多种网络层协议。

（4）是大型、多协议网络环境的理想选择。

（5）路由器可能有到达目的地的备分路由，当主路由不可用时，能很快切换到备份路由，所以收敛很快。

（6）默认地 EIGRP 协议在主类网络边界自动归纳路由，但也允许在任意比特位边界上手工归纳路由。

（7）使用可靠传输协议 RTP，保证路由信息的可靠性。

4.6.3 EIGRP 数据包类型

EIGRP 数据包的类型主要有以下几个。

（1）hello：用于发现邻居和维护邻居关系。hello 数据包使用组播地址 224.0.0.10 发送。

（2）update：更新，路由器用来发送认为已经收敛的路由。当发现新的路由并且达到收敛时，路由器使用更新数据包以组播方式把该路由发送给邻居。在启动时，更新数据包用单点传送地址传送给邻居。更新数据包需要对方确认，所以更新数据的发送比较可靠。

（3）query：查询，路由器向邻居查询到达某目的地路由时使用的数据包。查询数据包以组播方式发送并需要邻居的确认，所以也是可靠的。

（4）relay：应答，用来应答查询数据包。应答数据包使用单点传送地址应答查询方。该数据也需要查询方确认，以保证可靠性。

（5）ACK：确认，用来确认更新、查询和应答数据包。确认数据包是以单点地址传送的数据包，并携带一个非零确认码。

4.6.4 EIGRP 的三个表

EIGRP 表主要包括邻居表、拓扑表和路由表三个。

（1）邻居表：每个 EIGRP 路由器都维护着一个列有它的毗邻路由器的邻居表，该表与 OSPF 所使用的毗邻数据库是类似的。EIGRP 为所支持的每个协议都维护一张邻居表。

（2）拓扑表：每个 EIGRP 路由器为所配置的每种网络协议（如 IP、IPX 和 appletalk）维护着一张拓扑表，该表包含所有学到的到目的地的路由。所有学到的去往目标路由都维护在拓扑表中。

（3）路由表：EIGRP 路由器从拓扑表中选择到目的地的最佳路由，并将其放置到路由表中。路由器为每种网络协议都维护一张路由表。

4.6.5 EIGRP 的路由

EIGRP 的路由主要有以下两个。

（1）后继路由器（successor），是一台用于转发数据的相邻路由器，经由它到达目的地的路径开销最小，并保证不是路由环路中的一部分。如果存在多条开销最小的等值路径，就有多台后继路由器。如图 4-22 所示，路由器 R1 到达网络 12.12.12.0/24 存在两条路径，经由路由器 R2 的度量是 10+10=20；经由路由器 R3 的度量是 15+15=30，所以路由器 R2 是路由器 R1 的后继路由器。

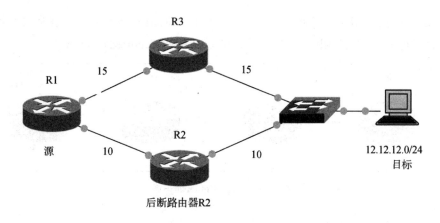

图 4-22　后继路由器

（2）可行后继路由器（feasible successor，FS），备份路径中的下一跳路由器（邻居）被称为可行后继路由器。存在可行后继路由器就意味着存在到达目标网络的备份路由。成为可行后继路由器的条件是：经由该邻居路由器到达目标网络的通告距离小于当前正在使用路径的可行距离，并且不构成环路。如图 4-23 所示，由于路由器 R1 经由路由器 R3 到达目标网络的通告距离（AD=4）小于当前经由路由器 R2 到达目标网络的可行距离（FD=5），所以路由器 R3 成为路由器 R1 的可行后继路由器。

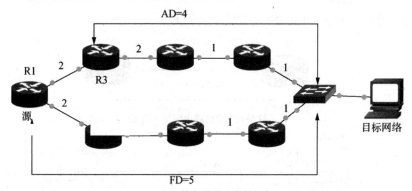

图 4-23　R3 具备成为可行后继路由器的条件

可行后继路由器可能存在多台，也可能不存在。当路由器失去正在使用的最佳路由后，将查看拓扑数据库，试图寻找 FS。如果存在，最佳的可行后继路由器被提升为后继路由器，并把经由新的后继路由器的路由安放到路由表中。当没有可行后继路由器时，将进行新的路由计算。

4.6.6　EIGRP 的两种距离

EIGRP 的主要有可行距离 FD 和通告距离 AD 两种，如图 4-24 所示。

（1）路由器使用的具有最低开销的路径度量值称为可行距离（feasible distance，FD）。

（2）通告距离（advised distance，AD）指通往目的地的路径上下一跳路由器到目的地的路径开销，即邻居的可行距离。通告距离也写做 RD（reported distance）。

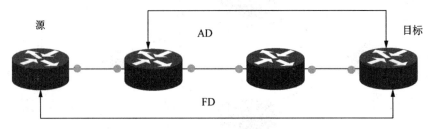

图 4-24 EIGRP 的两种距离

4.6.7 EIGRP 的运行原理

把 EIGRP 协议看做混合型路由协议，是因为有距离矢量型路由协议的特征，还有链路状态型协议的特征。EIGRP 协议运行过程中具有 OSPF 协议运行时的特征，同样遵循如下步骤。

（1）发现邻居和建立邻居关系。

（2）建立拓扑结构数据库。

（3）计算出路由表。

如图 4-25 所示，表示了 EIGRP 协议的运行过程。

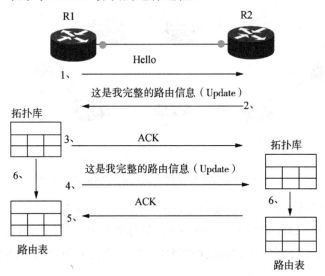

图 4-25 EIGRP 协议的运行过程

具体运行过程如下。

（1）启动 EIGRP 进程之后，路由器 R1 就从参与运行 EIGRP 进程的接口发送 hello 数据包。

（2）路由器 R2 收到该 hello 后，用更新数据包回应。更新数据包中包含 R2 的完整路由信息。为建立起相邻（adjacency）关系，该更新数据包的初始 bit 被设置为 1，用以表明这是个初始过程。当路由器 R1 收到该更新数据包后他们的相邻关系就建立起来，之后，依靠互发 hello 包维持相邻关系。

注意：运行 EIGRP 协议的路由器的相邻关系的建立没有像运行 OSPF 协议那样复杂，只要收到来自同一 AS 路由器的 hello 包，相邻关系就建立起来了。

hello 数据包在局域网链路上的发送间隔是 5 s。依靠 hello 包，路由器可以动态地发现直接和它相连的路由器，并把众邻居那里学到的有关信息维护在邻居表里。邻居表里的每条信息代表一个邻居，并设置一个保持计时器，当保持计时器到期还没收到邻居任何信息时，该条信息就被删除，相邻关系也随之结束。从该邻居学到的拓扑信息也都被删除。

保持时间默认地被设置为 hello 间隔的 3 倍，即使 hello 间隔和保持时间不匹配，两台路由器也能成为邻居。

（3）路由器 R1 将更新数据放入自己的拓扑结构数据库中，并使用确认数据包对邻居路由器 R2 进行确认。

（4）路由器 R1 向路由器 R2 发送更新数据包。

（5）接收到路由器 R1 的更新数据包后，路由器 R2 向路由器 R1 发出确认信息。

（6）当接收到所有更新数据包后，路由器使用扩散更新算法（DUAL）选择保留在拓扑结构数据库中的主路由信息和备份路由信息（如果有的话）。并把主路由信息反映在路由表里。

4.6.8　配置 EIGRP

在路由器上配置 EIGRP 协议分为如下两个步骤。

步骤 1：在路由器上启用 EIGRP 协议，并指定工作的 AS 号，语法如下。

router（config）#router eigrp as-number

as-number：取值范围为 1~65 535，互相交换路由信息的路由器 AS 号取值必须相同。

步骤 2：指示哪些接口参与 EIGRP 协议的运行，语法如下。

router（config-router）#network　network-number [wildcard-mask]

network-number：网络号，地址在该网络内的接口参与 EIGRP 的运行（也可以是一个具体的接口地址，但必须使用通配符掩码，例如：network 192.168.2.1 0.0.0.0

可选项 wildcard-mask：通配符掩码，和网络号一起确定参与 EIGRP 协议运行的端口范围。

实训 6：动态路由 EIGRP 协议配置

某网络由四个网段组成，共有三个路由器，网络的结构较为简单。为实现网络网络的全网通信，现在路由器中配置 EIGRP 协议实现网络的路由学习与网络通信。

（1）根据拓扑图进行网络布线。

（2）检查网络的当前状态。

（3）在所有路由器上配置 eigrp 协议。

（4）禁用自动汇总。

（5）检验网络连通性。

动态路由 EIGRP 协议配置拓扑如图 4-26 所示。

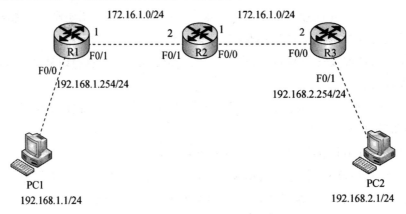

图 4-26 动态路由 EIGRP 协议配置拓扑

步骤 1：在路由器 r1 上的配置。

```
router#config terminal
router（config）#hostname   r1
r1（config）#interface   fastethernet 0/0
r1（config-if）#ip address 192.168.1.254 255.255.255.0
r1（config-if）#no shutdown
r1（config-if）#exi
r1（config）#interface   fastethernet 0/1
r1（config-if）#ip address 172.16.1.1 255.255.255.0
r1（config-if）#no shutdown
r1（config-if）#exi
r1（config）#
r1（config）#router eigrp 100
r1（config-router）#no auto-summary
r1（config-router）#network 192.168.1.0
r1（config-router）#network 172.16.1.0 0.0.0.255
```

```
r1（config-router）#exi
r1（config）#
```

步骤 2：在路由器 r2 的配置。

```
router#configure terminal
router（config）#hostname  r2
r2（config）#interface fastethernet 0/1
r2（config-if）#ip address 172.16.1.2 255.255.255.0
r2（config-if）#no shutdown
r2（config-if）#exi
r2（config）#interface   fastethernet   0/0
r2（config-if）#ip address 172.16.2.1 255.255.255.0
r2（config-if）#no shutdown
r2（config-if）#exi
r2（config）#
r2（config）#router   eigrp 100
r2（config-router）#no auto-summary
r2（config-router）#network 172.16.1.0 0.0.0.255
r2（config-router）#network 172.16.2.0 0.0.0.255
r2（config-router）#
r2（config-router）#exi
r2（config）#
```

步骤 3：在路由器 r3 的配置。

```
router#configure terminal
router（config）#hostname r3
r3（config）#interface   fastethernet   0/0
r3（config-if）#ip address 172.16.2.2 255.255.255.0
r3（config-if）#no shutdown
r3（config-if）#exi
r3（config）#interface   fastethernet   0/1
r3（config-if）#ip address 192.168.2.254 255.255.255.0
r3（config-if）#no shutdown
r3（config-if）#exi
```

```
r3（config）#

r3（config）#

r3（config）#router eigrp    100

r3（config-router）#no auto-summary

r3（config-router）#network 172.16.2.0 0.0.0.255

r3（config-router）#network 192.168.2.0

r3（config-router）#exi

r3（config）#
```

步骤 4：测试路由表。

```
r1#sho ip route

codes：  C - connected, S - static, I - IGRP, R - RIP, M - mobile, B - BGP

        D - EIGRP, EX - EIGRP external, O - OSPF, IA - OSPF inter area

        N1 - OSPF NSSA external type 1, N2 - OSPF NSSA external type 2

        E1 - OSPF external type 1, E2 - OSPF external type 2, E - EGP

        i - IS-IS, L1 - IS-IS level-1, L2 - IS-IS level-2, ia - IS-IS inter area

        * - candidate default, U - per-user static route, o - ODR

        P - periodic downloaded static route

gateway of last resort is not set

        172.16.0.0/24 is subnetted, 2 subnets

C         172.16.1.0 is directly connected, fastethernet0/1

D         172.16.2.0 [90/30720] via 172.16.1.2, 00：02：18, fastethernet0/1

C     192.168.1.0/24 is directly connected, fastethernet0/0

D     192.168.2.0/24 [90/33280] via 172.16.1.2, 00：00：25, fastethernet0/1

r1#
```

步骤 5：测试网络通信。

拓展训练 6：使用 RIP 协议实现跨网段的网络通信

如图 4-27 所示，某企业有三个部门组成，分别处于不同的网络号，为实现网络互联使用路由器连接着三个网络，现在要去使用 RIP 协议实现跨网段的网络通信。

（1）根据网络的基本拓扑结构配置网络的基本连接。

（2）配置动态路由 eigrp 协议实现网络的路由学习与通信。

（3）测试网络通信。

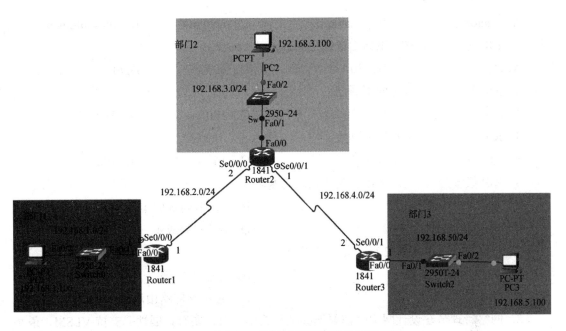

图 4-27　使用 RIP 协议实现跨网段的网络通信

本章小结

　　本章主要讲述了路由器基本配置、路由器密码恢复、静态路由的配置、动态路由 RIP 协议的配置、动态路由 OSPF 协议的配置和动态路由 EIGRP 协议的配置。通过本章的学习，读者应掌握路由器命令行模式、路由器的特权密码与远程登录密码的设置；了解静态路由的基本工作原理；掌握动态路由 rip 协议的工作原理、动态路由 ospf 协议的工作原理和动态路由 eigrp 协议的工作原理。

本章习题

一、选择题

1. 要在路由器上启用 IP 路由选择必须做什么？（　　）（选两个）

A．启用路由选择协议　　　　　　　　B．在所有串中上设置定时

C．向路由器接口分配 IP 地址　　　　 D．向串口分配带宽参数

2. 用哪条命令可以启动 IP 路由选择进程？

A．router   B．enable   C．network   D．no shutdown

3．RIP 每（   ）秒产生路由选择更新。

A．15   B．30   C．60   D.90

4．RIP 有（   ）秒的抑制周期。

A．60   B．120   C．180   D．280

5．RIP 有（   ）跳的最大跳数。

A．10   B．15   C．16   D．100

6．RIP 最多为（   ）条路径支持负载均衡。

A．6，非同等成本   B．4，非同等成本

C．4，同等成本   D．6，同等成本

7．下面关于 RIP 版本 2 哪个是正确的？

A．它使用触发更新   B．它使用广播

C．它是有类的   D．它不支持路由汇总

8．网络管理员在设计网络时需要选择某种路由协议，要有扩展性、支持 VLSM，最小开销、被多厂商设备支持。请问下面哪个协议可以满足上述要求？（   ）

A．RIPv1   B．OSPF   C．IGRP   D．CDP

9．下面哪个是连接到外部路由进程的 OSPF 路由器？（   ）

A．ABR   B．ASBR   C．类型 2 LSA   D．stub 路由器

10．下面哪一个使用了路由重分布？（   ）

A．stub 区域   B．total stub 区域 C．ABR   D．NSSA

11．下面哪个路由器描述了其连接到多个 OSPF 区域？（   ）

A．ABR   B．ASBR   C．类型 2LSA   D．stub 路由器

12．下面哪个命令用来汇总某一区域的路由？（   ）

A．ip route summarize area-id network-address network-mask

B．summary-address network-address network-mask

C．area area-id range network-address network-mask

D．summary area-id network-address network-mask

13．如何指定一个区域为次末节区域？（   ）

A．area area-id nssa   B．area area-id stub

C．area area-id no-summary   D．area area-id stub no-summary

14．当检查 IP 路由选择表时，EIGRP 路由将显示为什么字母？（   ）

A．I   B．E   C．O   D．D

15．EIGRP 使用哪一个 IP 组播地址？（   ）

A．224.0.0.110   B．224.0.0.100   C．224.0.0.11   D．224.0.0.10

二、填空题

1．输入访问 RIP 配置的路由器命令＿＿＿＿＿＿＿＿。

2．有一种距离向量协议，例如 RIP。在其中一个路由器接口上，有如下 IP 地址 192.168.1.65 255.255.255.192。输入允许 IP 路由选择用于该网络的命令＿＿＿＿＿＿。

3．输入在路由器上查看当前路由选择协议及其特性和配置的路由器命令＿＿＿＿＿＿。

4．输入清除路由选择表的路由器命令＿＿＿＿＿＿＿＿。

三、简答题

1．路由器的用户模式、特权模式、全局配置模式之间有什么区别？

2．用 sh int e0/0 查看接口配置时，可以观察到接口的几种状态？分别表示什么含义？

3．如何修静态路由的管理距离？

第 5 章　接入互联网络

【本章导读】

某高校建设了内部网络后，内部网络都是使用私有地址段建设的网络，不能直接路由到公网。现在要为内部网络的用户提供连接互联网，如何使用相关的连接技术实现网络的上网等功能。

【本章目标】

➢ 能使用 ACL 实现网络的访问控制。

➢ 能使用 NAT 地址转换技术实现内网私有地址与内网全局地址的转换上网。

➢ 能使用 NAT 地址转换技术实现内网为外网提供网络服务。

➢ 能使用 PPP 协议实现接入广域网连接及其安全认证

5.1　访问控制列表 ACL

访问控制是网络安全防范和保护的主要策略，主要任务是保证网络资源不被非法使用和访问，是保证网络安全最重要的核心策略之一。访问控制涉及的技术也比较广，包括入网访问控制、网络权限控制、目录级控制以及属性控制等多种手段。

访问控制列表（access control list，ACL）是基于包过滤的软件防火墙，是一系列语句的有序集合，根据网络中每个数据包所包含的信息的内容，来决定允许还是拒绝报文通过某个接口。访问控制列表不仅可以限制网络流量、提高网络性能，还可以限制特定协议的流量，以满足企业对网络互联的访问控制系统要求。数据控制流程如图 5-1 所示。

访问控制列表的作用如下。

（1）限制网络流量、提高网络性能。

（2）提供对通信流量的控制手段。

（3）提供网络访问的基本安全手段。

（4）在路由器接口处，决定哪种类型的通信流量被转发、通信流量被阻塞。

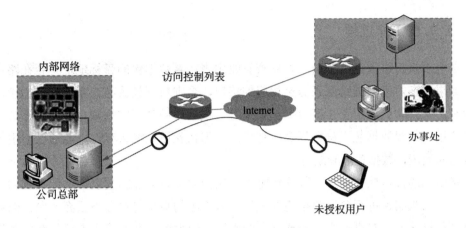

图 5-1　数据控制流程

5.1.1　ACL 的类型

ACL 分很多种，不同场合应用不同种类的 ACL。cisco 网络中有如下几种 ACL。

1. 标准 ACL

一个标准 IP 访问控制列表匹配 IP 包中的源地址或源地址中的一部分，可对匹配的包采取拒绝或允许两个操作。编号范围是从 1 到 99 的访问控制列表是标准 IP 访问控制列表。

2. 扩展 ACL

扩展 IP 访问控制列表比标准 IP 访问控制列表具有更多的匹配项，包括协议类型、源地址、目标地址、源端口、目标端口、建立连接的和 IP 优先级等。编号范围是从 100 到 199 的访问控制列表是扩展 IP 访问控制列表。

3. 命名 ACL

命名的 IP 访问控制列表是以列表名代替列表编号来定义 IP 访问控制列表，同样包括标准和扩展两种列表，定义过滤的语句与编号方式中相似。

在企业路由器上使用编号的访问表时，有可能出现号码不够用的情况。使用编号的访问表的另一个限制在于：尽管编号可以给出访问表的类型，但需要用户从列表语句中读出编号并且也很难区分各个列表的一般功能。

4. 基于时间 ACL

基于时间的 ACL 是对传统 ACL 的一种功能增强，在传统扩展 ACL 中加入了时间范围以增强 ACL 的控制能力。基于时间的 ACL 可以根据一天中的不同时间，或者根据一星期中的不同日期，或二者相结合的方式来控制数据包的转发。

5.1.2 ACL 的工作过程

数据包由接口进入路由器后，首先查看路由表，看数据包的目标地址是否在路由表条目中。如果存在，则根据路由表送至相应的接口，否则数据包丢弃。到达相应的接口后，看是否有访问控制列表配置在接口上；如果有，根据访问列表的规则，判断是不是允许该数据包通过。如果数据包不符合列表所有规则，那么就被拒绝丢弃，不能通过路由器。如果没有访问列表，数据包顺利通过。

当路由器的接口接收到一个数据包时，首先会检查访问控制列表，访问控制列表对符合匹配规则的数据包进行允许和拒绝的操作。被拒绝的数据包将会被丢弃，允许的数据包进入路由选择状态。对进入路由选择状态的数据再根据路由器的路由表执行路由选择，如果路由表中没有到达目标网络的路由，那么相应的数据包就会被丢弃。如果路由表中存在到达目标网络的路由，则数据包被送到相应的网络接口，访问控制列表工作流程图如图 5-2 所示。

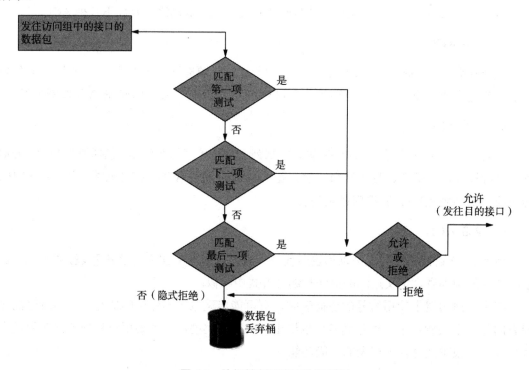

图 5-2　访问控制列表工作流程图

5.1.3 ACL 的作用

ACL 的作用主要有以下几个。

（1）限制网络流量、提高网络性能。例如，队列技术不仅限制了网络流量，还减少了拥塞。

（2）提供对通信流量的控制手段。例如可以用控制通过某台路由器的某个网络的流量。

（3）提供了网络访问的一种基本安全手段。例如，在公司中，允许财务部的员工计算机访问财务服务器，而拒绝其他部门访问财务服务器。

（4）在路由器接口上，决定某些流量允许或拒绝被转发。例如，可以允许 FTP 的通信流量，而拒绝 TELNET 的通信流量。

5.1.4 ACL 的分类

ACL 分为标准型 IP 访问列表和扩展型 IP 访问列表。

1. 标准型 IP 访问列表

（1）格式如下：

access-list access-list-number deny|permit source-address source-wildcard [log]

- ➢ access-list-number：只能是 1～99 之间的一个数字。
- ➢ deny|permit：deny 表示匹配的数据包将被过滤掉；permit 表示允许匹配的数据包通过。
- ➢ source-address：表示单机或一个网段内的主机的 IP 地址。
- ➢ source-wildcard：通配符掩码，即子网掩码取反。
- ➢ Log：访问列表日志，如果该关键字用于访问列表中，则对匹配访问列表中条件的报文作日志。

（2）允许/拒绝数据包通过。在标准型 IP 访问列表中，使用 permit 语句可以使得和访问列表项目匹配的数据包通过接口，而 deny 语句可以在接口过滤掉和访问列表项目匹配的数据包。source address 代表主机的 IP 地址，利用不同掩码的组合可以指定主机。

例如，假设公司有一个分支机构，其 IP 地址为 C 类的 192.46.28.0。在公司，每个分支机构都需要通过总部的路由器访问 Internet。可以使用一个通配符掩码 0.0.0.255。因为 C 类 IP 地址的最后一组数字代表主机，把它们都置 1 即允许总部访问网络上的每一台主机。标准型 IP 访问列表中的 access-list 语句如下：

ISP（config）#access-list 1 permit 192.46.28.0 0.0.0.255

通配符掩码是子网掩码的补充。子网掩码取反即得通配符。

（3）指定地址。如果要指定一个特定的主机，可以增加一个通配符掩码 0.0.0.0。例如，为了让来自 IP 地址为 192.46.27.7 的数据包通过，可以使用下列语句：

ISP（config）#access-list 1 permit 192.46.27.7 0.0.0.0

在控制访问列表中，用户除了使用上述的通配符掩码 0.0.0.0 来指定特定的主机外，还可以使用"host"这一关键字。例如，为了让来自 IP 地址为 192.46.27.7 的数据包通过，可以使用下列语句：

> ISP（config）#access-list 1 permit   host   192.46.27.7

除了可以利用关键字"host"来代表通配符掩码 0.0.0.0 外，关键字"any"可以作为源地址的缩写，并代表通配符掩码 0.0.0.0 255.255.255.255。例如，如果希望拒绝来自 IP 地址为 192.46.27.8 的站点的数据包，可以在访问列表中增加以下语句：

> ISP（config）#access-list 1 deny host 192.46.27.8
> ISP（config）#access-list 1 permit any

注意：上述 2 条访问列表语句的顺序。第 1 条语句把来自源地址为 192.46.27.8 的数据包过滤掉；第 2 条语句则允许来自任何源地址的数据包通过访问列表作用的接口。如果改变上述语句的次序，那么访问列表将不能够阻止来自源地址为 192.46.27.8 的数据包通过接口。因为访问列表是按从上到下的次序执行语句的。如果第 1 条语句是：表示来自任何源地址的数据包都会通过接口。

> ISP（config）#access-list 1 permit any

（4）拒绝的作用。在默认情况下，除非明确规定允许通过，访问列表总是阻止或拒绝一切数据包的通过。即实际上在每个访问列表的最后，都隐含有一条"deny any"的语句假设使用了前面创建的标准 IP 访问列表,从路由器的角度来看,这条语句的实际内容如下：

> ISP（config）#access-list 1 deny host 192.46.27.8
> ISP（config）#access-list 1 permit any
> ISP（config）#access-list 1 deny any

在上述例子中，由于访问列表中第 2 条语句明确允许任何数据包都通过，所以隐含的拒绝语句不起作用，但实际情况并不总是如此。例如，如果希望来自源地址为 192.46.27.8 和 192.46.27.12 的数据包通过路由器的接口，同时阻止其他一切数据包通过，则访问列表的语句如下：

> ISP（config）#access-list 1 permit host 192.46.27.8
> ISP（config）#access-list 1 permit host 192.46.27.12

注意：所有的访问列表会自动在最后包括默认拒绝语句。

标准型 IP 访问列表的参数"log"，起日志的作用。一旦访问列表作用于某个接口，那么包括关键字"log"的语句将记录那些满足访问列表中"permit"和"deny"条件的数据包。第一个通过接口并且和访问列表语句匹配的数据包将立即产生一个日志信息。后续的数据包根据记录日志的方式,或者在控制台上显示日志,或者在内存中记录日志。通过 cisco IOS 的控制台命令可以选择记录日志方式。

（5）配置标准 ACL 之后，可以使用 ip access-group 命令将其关联到接口：

> ISP（config-if）#ip access-group {access-list-number | access-list-name} {in | out}

要从接口上删除 ACL，首先在接口上输入 no ip access-group 命令，然后输入全局命令 no access-list 删除整个 ACL。要删除 ACL，使用全局配置命令 no access-list，标准控制访问列表拓扑结构图如图 5-3 所示。

> RA（config）#access-list 1 deny 192.168.10.10　0.0.0.0
>
> RA（config）#access-list 1 permit 192.168.10.0　0.0.0.255
>
> RA（config）#int　f0/0
>
> RA（config）#ip access-group 1 in

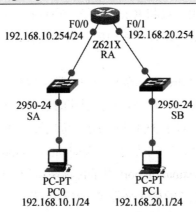

图 5-3　标准控制访问列表拓扑结构图

标准 IP 访问列表的功能有限，因为这种列表只能根据数据包的源地址进行过滤。如果需要根据协议、目标地址及传输层上的应用进行过滤，或根据上述项目的组合进行过滤，那么就必须使用扩展型访问列表。

2. 扩展型 IP 访问列表

标准 IP 访问控制列表主要是根据数据包的源地址进行过滤。扩展型 IP 访问列表在数据包的过滤方面增加了不少功能和灵活性。除了可以基于源地址和目标地址过滤外，还可以根据协议、源端口和目标端口过滤，甚至可以利用各种选项过滤。这些选项能够对数据包中某些域的信息进行读取和比较。扩展型 IP 访问列表的通用格式如下：

> access-list[list number][permit|deny]
>
> ---- [protocol|protocol key word]
>
> ---- [source address source-wildcard mask][source port]
>
> ---- [destination address destination-wildcard mask]
>
> ---- [destination port][log options]

➤ access-list-number：编号范围为 100～199。

➤ permit：通过。

➤ deny：禁止通过。

➤ protocol：需要被过滤的协议类型有：IP、TCP、UDP、ICMP、EIGRP 和 GRE 等。

> source-address：源 IP 地址。

> source-wildcard：源通配符掩码。

与标准型 IP 访问列表类似，"list number"标志了访问列表的类型。数字 100～199 用于确定 100 个唯一的扩展型 IP 访问列表。数据包的形成过程直接影响数据包的过滤，尽管有时会产生副作用。应用数据通常有一个在传输层增加的前缀，可以是 TCP 协议或 UDP 协议的头部，这样就增加了一个指示应用的端口标志。当数据流入协议栈之后，网络层再由于 IP 头部传送 TCP、UDP、路由协议和 ICMP 协议，所以在访问列表的语句中，IP 协议的级别比其他协议更为重要。但是，在有些应用中，可能需要改变这种情况，需要基于某个非 IP 协议进行过滤。

source address、source wildcard 表示源地址和通配符屏蔽码。source port 表示源端口号，源端口号可以使用一个数字或者使用一个可识别的助记符。例如，可以使用 80 或者 http 来指定 Web 的超文本传输协议。对于 TCP 和 UDP，可以设置和使用操作符 "<"（小于）、">"（大于）、"="（等于）以及 "≠"（不等于）。destination address、destination wildcard 表示目标地址和通配符屏蔽码。destination port 表示目标端口号，可以使用数字、助记符或者使用操作符与数字或助记符相结合的格式来指定一个端口范围。log 表示日志记录，对那些能够匹配访问表中的 permit 和 deny 语句的报文进行日志记录。日志信息包含访问表号、报文的允许或拒绝、源 IP 地址以及在显示了第一个匹配以来每 5 分钟间隔内的报文数目。

拓展访问控制列表拓扑结构图如图 5-4 所示。

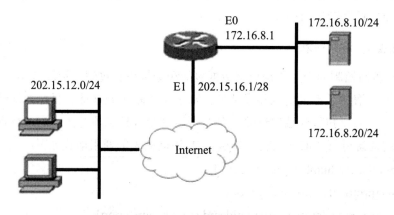

图 5-4　拓展访问控制列表拓扑结构图

不允许网络 202.15.12.0 内的机器登录 172.16.8.20 的 Ftp（端口号 21）服务，但可以获取 172.16.8.20 的其他网络服务；网络 202.15.12.0 内的机器能够获取 172.16.8.10 的 Web 服务（端口号 80）；其他访问流量都被拒绝。配置如下。

```
router（config）#access-list　121 deny tcp　202.15.12.0　0.0.0.255 172.16.8.20 0.0.0.0
eq 21
```

```
router（config）#access-list    121 permit ip    202.15.12.0 0.0.0.255 172.16.8.20    0.0.0.0
router（config）#access-list    121 permit tcp    202.15.12.0 0.0.0.255 172.16.8.10 0.0.0.0
eq 80
router（config）#interface e0
router（config-if）#ip access-group 121 out
```

3. 命名的控制访问列表

命名 IP 访问列表通过一个名称而不是一个编号来引用的。命名的访问列表可用于标准的和扩展的访问表中。名称的使用是区分大小写的，并且必须以字母开头。在名称的中间可以包含任何字母数字混合使用的字符，也可以在其中包含[,]、{, }、_、-、+、/、\、.、&、$、#、@、!以及?等特殊字符，名称的最大长度为 100 个字符。

编号 IP 访问列表和命名 IP 访问列表的区别在于：名字能更直观地反映访问列表完成的功能，命名访问列表突破了 99 个标准访问列表和 100 个扩展访问列表的数目限制，能够定义更多的访问列表。

命名 IP 访问列表允许删除个别语句，而编号访问列表只能删除整个访问列表。

单个路由器上命名访问列表的名称在所有协议和类型的命名访问列表中必须是唯一的，而不同路由器上的命名访问列表名称可以相同。标准访问列表、扩展访问列表以及命名访问列表的区别如表 5-1 所示。

表 5-1　标准访问列表、扩展访问列表以及命名访问列表的区别

命令类型	编号访问列表	命名访问列表
标准访问列表	access-list 1-99 permit|deny	access-list standard name permit|deny
扩展访问列表	access-list 100-199 permit|deny	access-list extended name permit|deny
标准访问列表应用	ip access-group 1-99 in|out	ip access-group name in|out
扩展访问列表应用	ip access-group 100-199 in|out	ip access-group name in|out

命名的控制访问列表拓扑图如图 5-5 所示。

（1）进入全局配置模式，使用 ip access-list extendedname 命令创建命名 ACL。

（2）在命名 ACL 配置模式中，指定希望允许或拒绝的条件。

（3）返回特权执行模式，并使用 show access-lists [number | name] 命令检验 ACL。

（4）建议使用 copy running-config startup-config 命令将条目保存在配置文件中。

（5）要删除命名扩展 ACL，可以使用 no ip access-list extended name 全局配置命令。

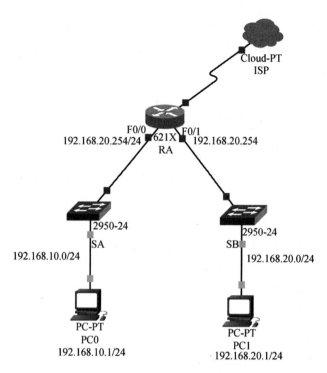

图 5-5 命名的控制访问列表拓扑图

RA（config）#ip access-list standard   NAMESTA

RA（config）#deny   host   192.168.10.1

RA（config）#permit   192.168.10.0   0.0.0.255

RA（config）#int   f0/0

RA（config-if）#ip access-group   NAMESTA out

RA（config）#ip access-list extended   NAMEEXT

RA（config）#permit   tcp   192.168.10.0   0.0.0.255   any   eq   80

RA（config）#permit   tcp   192.168.20.0   0.0.0.255   any   eq   443

//允许使用 80 和 443 端口

RA（config）#ip access-list extended create

RA（config）#permit   tcp   any   192.168.10.0   0.0.0.255   established

//允许建立的 HTTP 和 SHTTP 连接的应答

4. 基于时间的访问控制列表的应用

从 IOS12.0 开始，cisco 路由器新增加了一种基于时间的访问列表。首先要定义一个时间范围，然后在原来的访问列表的基础上应用它。通过时间访问控制列表，可以根据一天中的不同时间或者根据一星期中的不同日期控制网络数据包的转发。

基本语法格式：

> router（config）# time-range time-range-name
>
> 该命令表示进入 time-range 模式，并给该时间范围起个名字。
>
> router（config-time-range）# absolute [start time date] [end time date]
>
> router（config-time-range）# periodic days-of-the-week hh：mm to [days-of-the-week]
>
> hh：mm

上面这两条命令限制访问控制列表的生效时间。另外，periodic 语句可以有多条，但是 absolute 语句只能有一条。该公司要求员工在 2013 年 4 月 1 日到 2013 年 6 月 1 日的周一到周五上班时间（9：00-18：00）不能浏览 Web 站点，禁止使用 QQ 和 MSN。

分析如下：Web 浏览通常使用 HTTP 或者 HTTPS 进行访问，端口号是 80（TCP）和 443（TCP）；MSN 使用 1863 端口（TCP）；QQ 登录使用 8000 端口（TCP/UDP）；还有可能用到 4000（UDP）进行通信。另外这些软件都支持代理服务器，目前代理服务器主要部署在 TCP8080、TCP3128 和 TCP1080 三个端口上，配置如下。

> router（config）# time-range　consoletime
>
> router（config-time-range）# absolute start 00：00 1 April 2013 end 23：59 1 June 2013
>
> router（config-time-range）# periodic Monday 09：00 to Friday 18：00
>
> router（config）#access-list 122 deny tcp 192.168.10. 0 0.0.0.255 any eq 80 consoletime
>
> router（config）#access-list 122 deny tcp 192.168.10. 0 0.0.0.255 any eq 443 consoletime
>
> router（config）#access-list 122 deny tcp 192.168.10. 0 0.0.0.255 any eq 1863 consoletime
>
> router（config）#access-list 122 deny tcp 192.168.10. 0 0.0.0.255 any eq 8000 consoletime
>
> router（config）#access-list 122 deny udp 192.168.10. 0 0.0.0.255 any eq 8000 consoletime
>
> router（config）#access-list 122 deny udp 192.168.10. 0 0.0.0.255 any eq 4000 consoletime
>
> router（config）#access-list 122 deny tcp 192.168.10. 0 0.0.0.255 any eq 3128 consoletime
>
> router（config）#access-list 122 deny tcp 192.16.8. 0 0.0.0.255 any eq 8080 consoletime
>
> router（config）#access-list 122 deny tcp 192.16.8. 0 0.0.0.255 any eq 1080 consoletime
>
> router（config）#access-list 122 permit ip any any
>
> router（config）#interface　f0/0
>
> router（config-if）#ip access-group 122 out

从上面的实例可以分析，合理有效的利用基于时间的访问控制列表。可以更合理、更有效地控制网络；更安全、更方便的保护内部网络。

5. 访问控制列表的在过滤病毒中的应用

目前，不少用户的电脑都或多或少遭到病毒的侵犯，如病毒中蠕虫（worm）病毒。蠕虫是通过分布式网络来扩散传播特定的信息或错误，进而造成网络服务遭到拒绝并发生死锁。它们生存在网络的节点之中，依靠系统的漏洞在网上大量繁殖，造成网络阻塞之类的破坏。可以依靠杀毒软件来对付它们，也可以通过访问控制列表，封锁蠕虫病毒传播、扫描、攻击用到的端口，预先就把蠕虫病毒拒之门外。针对冲击波（worm blaster）病毒，在路由器上做如下的配置。

首先控制 Blaster 蠕虫的传播，封锁 tcp 的 4444 端口和 udp 的 69 端口。

```
router（config）#access-list 120 deny tcp any any eq 4444
router（config）#access-list 120 deny udp any any eq 69
```

然后控制 Blaster 蠕虫的扫描和攻击，封锁 tcp 和 udp 的 135、139、445、593 等端口。

```
router（config）#access-list 120 deny tcp any any eq 135
router（config）#access-list 120 deny udp any any eq 135
router（config）#access-list 120 deny tcp any any eq 139
router（config）#access-list 120 deny udp any any eq 139
router（config）#access-list 120 deny tcp any any eq 445
router（config）#access-list 120 deny udp any any eq 445
router（config）#access-list 120 deny tcp any any eq 593
router（config）#access-list 120 deny udp any any eq 593
router（config）#access-list 120 permit ip any any
```

该访问控制列表的最后一条一定要加上，因为每个访问控制列表都暗含着拒绝所有数据包，而且列表 120 前面都是 deny 语句。如果没有最后这一条允许其他所有数据包，那么无论什么样的数据包都不能通过路由器进入公司局域网，同样公司局域网也不能访问外网。列表创建完毕，可以挂到接口上。

```
router（config）#interface s0
router（config-if）#ip access-group 120 in
```

访问控制列表就可以阻止外来蠕虫病毒的恶意扫描和攻击，通过以上控制访问列表，可以有效的提高了网络抵抗病毒的能力，保证了网络的安全。

5.1.5 ACL 的配置过程

ACL 的配置过程如下。

（1）分析需求，找清楚需求中要保护什么或控制什么。

（2）编写 ACL，并将 ACL 应用到接口上。

（3）测试并修改 ACL。

ACL 的配置步骤如下。

步骤 1：在全局配置模式下，使用下列命令创建 ACL。

```
router （config）# access-list    access-list-number {permit | deny }
```

其中，access-list-number 为 ACL 的表号。人们使用较频繁的表号是标准的 IP ACL（1-99）和扩展的 IP ACL（100-199）。

在路由器中，如果使用 ACL 的表号进行配置，则列表不能插入或删除行。如果列表要插入或删除一行，必须先去掉所有 ACL，然后重新配置。当 ACL 中条数很多时，这种改变非常麻烦。一个比较有效的解决办法是，在远程主机上启用一个 TFTP 服务器，先把路由器配置文件下载到本地，利用文本编辑器修改 ACL 表，然后将修改好的配置文件通过 TFTP 传回路由器。

在 ACL 的配置中，如果删掉一条表项，其结果是删掉全部 ACL，所以在配置时一定要小心。在 cisco IOS12.2 以后的版本中，网络可以使用名字命名的 ACL 表。这种方式可以删除某一行 ACL，但是仍不能插入一行或重新排序。所以，仍然建议使用 TFTP 服务器进行配置修改。

步骤 2：在接口配置模式下，使用 access-group 命令 ACL 应用到某一接口上。

```
router （config-if）# access-group access-list-number {in | out }
```

其中，in 和 out 参数可以控制接口中不同方向的数据包，如果不配置该参数，缺省为 out。

ACL 在一个接口可以进行双向控制，即配置两条命令，一条为 in；另一条为 out。两条命令执行的 ACL 表号可以相同，也可以不同。但是，在一个接口的一个方向上，只能有一个 ACL 控制。

注意：在进行 ACL 配置时，一定要先在全局状态配置 ACL 表，再在具体接口上进行配置，否则会造成网络的安全隐患。ACL 中规定了两种操作：允许、拒绝，所有的应用都是围绕这两种操作来完成。

ACL 是 cisco IOS 中的一段程序，对于管理员输入的指令，有其自己的执行顺序。执行指令的顺序是从上至下，一行行的执行，寻找匹配；一旦匹配成功则停止查找；如果到末尾还未找到匹配项，则执行一段隐含代码——丢弃 DENY，因此在写 ACL 时一定要注意先后顺序。

例如：要拒绝来自 182.16.1.0/24 和 182.16.3.0 流量，ACL 写成如下形式。

　　　允许 182.16.0.0/18

　　　拒绝 182.16.1.0/24

　　　允许 192.168.1.1/24

　　　拒绝 182.16.3.0/24

那么结果与预期相反，把顺序调整，再看一下有没有问题。

　　　拒绝 182.16.1.0/24

　　　允许 182.16.0.0/18

　　　　允许 192.168.1.1/24

　　　　拒绝 182.16.3.0/24

　　发现 182.16.3.0/24 和刚才的情况一样，说明这个表项并未起到作用，那么还需要把顺序调整。最后变成如下形式。

　　　　拒绝 182.16.1.0/24

　　　　拒绝 182.16.3.0/24

　　　　允许 182.16.0.0/18

　　　　允许 192.168.1.1/24

　　由上述形式发现，在 ACL 的配置中有一个规律：越精确的表项越靠前，而越笼统的表项越靠后。

　　使用 show access-lists 命令可以发现大部分常见的 ACL 错误，以免造成网络故障。在 ACL 实施的开发阶段使用适当的测试方法，以避免网络受到错误的影响。当查看 ACL 时，可以根据正确构建 ACL 的规则检查 ACL。大多数错误都是因为忽视了这些基本规则。事实上，最常见的错误是以错误的顺序输入 ACL 语句，以及没有为规则应用足够的条件。

5.1.6　ACL 的配置注意事项

　　配置 ACL 时应注意以下几项。

　　（1）入站访问控制列表：将到来的分组路由到出站接口之前对其进行处理。因为如果根据过滤条件分组被丢弃，则无需查找路由选择表；如果分组被允许通过，则对其做路由选择方面的处理。

　　（2）出站访问列表：到来的分组首先被路由到出站接口，并在将其传输出去之前根据出站访问列表对其进行处理。

　　（3）任何访问列表都必须至少包含一条 permit 语句，否则将禁止任何数据流通过。

　　（4）同一个访问列表被用于多个接口，在每个接口的每个方向上，针对每种协议的访问列表只能有一个。

　　（5）在每个接口的每个方向上，针对每种协议的访问列表只能有一个。同一个接口上可以有多个访问列表，但必须是针对不同协议的。

　　（6）将具体的条件放在一般性条件的前面，将常发生的条件放在不常发生的条件前面。

　　（7）新添的语句总是被放在访问列表的末尾，但位于隐式 deny 语句的前面。

　　（8）使用编号的访问列表时，不能有选择性的删除其中的语句，但使用名称访问列表时可以。

　　（9）除非正式地在访问列表末尾添加一条 permit any 语句。否则默认情况下，访问列表将禁止所有不与任何访问列表条件匹配的数据流。

　　（10）所有访问列表都必须至少有一条 permit 语句，否则所有数据流都将被禁止通过。

（11）创建访问列表后再将其应用于接口，如果应用于接口的访问列表未定义或不存在，该接口将允许所有数据流通过。

（12）访问列表只过滤当前路由器的数据流，而不能过滤当前路由器发送的数据流。

（13）应将扩展访问列表放在离禁止通过的数据流源尽可能近的地方。

（14）标准访问列表不能指定目标地址，应将其放在离目的地尽可能近的地方。

实训 1：标准的 ACL 的配置要求

（1）在 r2 上，配置基本的访问控制列表控制 pc1 不能访问服务器，其他主机都可以访问。

（2）在 r1 上，配访问控制列表控制只有 pc1 能远程登录路由器 r1。

标准 ACL 配置拓扑如图 5-6 所示。

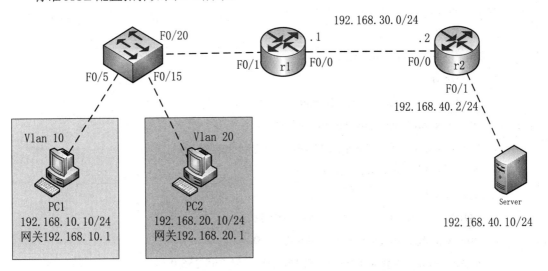

图 5-6 标准 ACL 配置拓扑

步骤 1：交换机的配置。

```
switch（config）#vlan 10
switch（config-vlan）#exit
switch（config）#vlan 20
switch（config-vlan）#exit
switch（config）#interface    fastethernet    0/5
switch（config-if）#switchport    access    vlan 10
switch（config-if）#exit
```

```
switch（config）#interface    fastethernet    0/15
switch（config-if）#switchport    access    vlan 20
switch（config-if）#exit
switch（config）#interface    fastethernet    0/20
switch（config-if）#switchport    mode trunk
switch（config-if）#exit
switch（config）#
```

步骤 2：路由器 r1 的配置。

```
router>enable
router#configure terminal
router（config）#hostname    r1
r1（config）#interface    fastethernet    0/1
r1（config-if）#no shutdown
r1（config-if）#exit
r1（config）#interface    fastethernet    0/1.10
r1（config-subif）#encapsulation    dot1Q    10
r1（config-subif）#ip address 192.168.10.1 255.255.255.0
r1（config-subif）#no shutdown
r1（config-subif）#exit
r1（config）#interface    fastethernet    0/1.20
r1（config-subif）#encapsulation dot1Q    20
r1（config-subif）#ip address    192.168.20.1 255.255.255.0
r1（config-subif）#no shutdown
r1（config-subif）#exit
r1（config）#interface    fastethernet    0/0
r1（config-if）#ip address 192.168.30.1 255.255.255.0
r1（config-if）#no shutdown
r1（config-if）#exit

r1（config）#router ospf    1
r1（config-router）#network    192.168.10.0 0.0.0.255 area 0
r1（config-router）#network    192.168.20.0 0.0.0.255 area 0
r1（config-router）#network    192.168.30.0 0.0.0.255 area 0
```

```
r1（config-router）#exit
r1（config）#
```

步骤 3：路由器 r2 的配置。

```
router（config）#hostname  r2
r2（config）#interface   fastethernet  0/0
r2（config-if）#ip address 192.168.30.2 255.255.255.0
r2（config-if）#no shutdown
r2（config-if）#exit
r2（config）#interface   fastethernet  0/1
r2（config-if）#ip address 192.168.40.2 255.255.255.0
r2（config-if）#no shutdown
r2（config-if）#exit
r2（config）#router   ospf  1
r2（config-router）#network   192.168.30.0 0.0.0.255 area 0
r2（config-router）#network   192.168.40.0 0.0.0.255 area 0
r2（config-router）#exit
r2（config）#
```

步骤 4：标准 ACL 的配置：在 r2 上配置基本的访问控制列表控制 pc1 不能访问服务器，其他主机都可以访问。

```
r2（config）#access-list 1 deny 192.168.10.0 0.0.0.255
r2（config）#access-list 1 permit any

r2（config）#interface   fastethernet 0/1
r2（config-if）#ip access-group 1 out
r2（config-if）#exi
r2（config）#
```

步骤 5：标准 ACL 的配置：r1 上配访问控制列表控制只有 pc1 能远程登录路由器 r1。

```
r1（config）#enable password 123
r1（config）#line vty 0 4
r1（config-line）#password 456
r1（config-line）#login
```

```
r1（config-line）#exi
r1（config）#
r1（config）#access-list 2 permit host 192.168.10.10
r1（config）#access-list 2 deny any
r1（config）#line vty  0 4
r1（config-line）#access-class 2 in
r1（config-line）#exi
r1（config）#
```

步骤 6：测试验证

实训 2：扩展的 ACL 的配置要求

在 r1 上，配置扩展的访问控制列表控制只有 pc1 能访问 192.168.40.10 的 Web 服务器，其他主机不能访问；其他流量不受限制。

扩展 ACL 配置拓扑如图 5-7 所示。

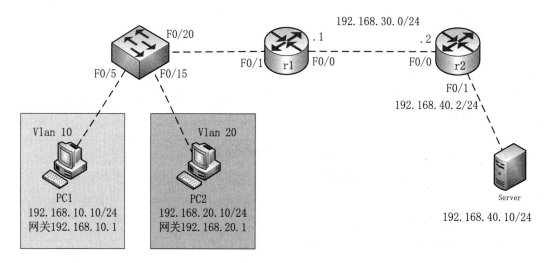

图 5-7 扩展 ACL 配置拓扑

扩展 ACL 的配置：在 r1 上配置扩展的访问控制列表控制只有 pc1 能能访问 192.168.40.10 的 Web 服务器，其他主机不能访问；其他流量不受限制。

```
r1（config）#access-list 100 permit tcp    host 192.168.10.10 host 192.168.40.10 eq 80
r1（config）#access-list 100 deny tcp    any host 192.168.40.10 eq 80
r1（config）#access-list 100 permit ip    any any
```

```
r1（config）#interface    fastethernet 0/0
r1（config-if）#ip access-group 100 out
r1（config-if）#exi
r1（config）#
```

测试验证。

拓展训练 1：课后训练

某高校为保证服务器的安全，现在禁止 vlan20 所在的用户使用 ping 命令探测服务器的存在，请使用访问控制列表实现该要求。

课后训练拓扑如图 5-8 所示。

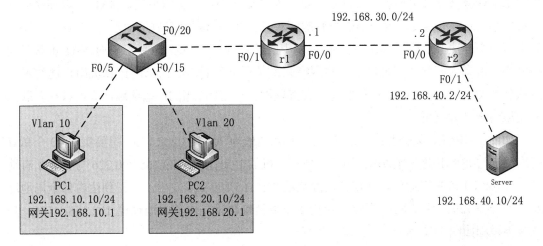

图 5-8　课后训练拓扑图

5.2　NAT 地址转换

某学校的网络在建设的时候为节约公网地址的成本，使用私有地址段来组建内部网络。随着学校的发展，现在内部网络的主机需要上网，内网的服务器也需要为外部网络提供服务。需要将内网的私有网络转换到外网的公有网络中，实现网络的通信。

5.2.1 NAT 简介

网络地址转换（network address translation，NAT），是一个 IETF（internet engineering task force，internet 工程任务组）标准，允许一个整体机构以一个公用 IP（internet protocol）地址出现在 Internet 上，是一种把内部私有网络地址翻译成合法网络 IP 地址的技术。

网络地址转换（network address translation，NAT）的功能，是指在一个网络内部，根据需要可以随意自定义 IP 地址，而不需要经过申请。在网络内部，各计算机间通过内部的 IP 地址进行通信。而当内部的计算机要与外部 Internet 网络进行通信时，具有 NAT 功能的设备（例如路由器）负责将其内部的 IP 地址转换为合法的 IP 地址（即经过申请的 IP 地址）进行通信。

NAT 就是在局域网内部网络中使用内部地址，而当内部节点要与外部网络进行通信时，将内部地址替换成公用地址，从而在外部公网（internet）上正常使用。NAT 可以使多台计算机共享 Internet 连接，这一功能很好地解决了公共 IP 地址紧缺的问题。通过这种方法，只申请一个合法 IP 地址，就把整个局域网中的计算机接入 Internet 中。这时 NAT 屏蔽了内部网络，所有内部网计算机对于公共网络来说是不可见的，而内部网计算机用户通常不会意识到 NAT 的存在。NAT 将这些无法在互联网上使用的保留 IP 地址翻译成可以在互联网上使用的合法 IP 地址。

如图 5-9 所示，某企业已申请一个公有 IP 地址为 209.165.202.129，想要实现 40 个私有网络用户与 ISP 主机进行通信。如某一外部主机的 IP 地址为 209.165.200.226 与企业私有地址 192.168.1.106 进行通信，数据包从源地址 209.165.200.226 发出，首先到达内部全局地址 209.165.202.129。经过 NAT 转换，由内部全局地址转换到内部本地地址 192.168.1.106。具体转换过程如图 5-10 所示。

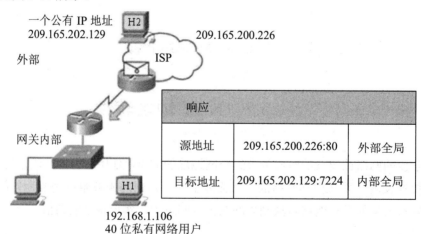

图 5-9　外部全局地址与内部全局地址转换过程

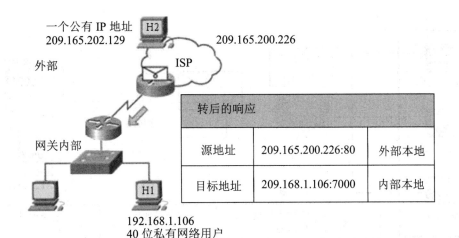

图 5-10　外部本地地址与内部本地地址转换过程

5.2.2　NAT 术语

NAT 术语主要有以下几个。

内部地址：是指在内部网络中分配给节点的私有 IP 地址，这个地址只能在内部网络中使用。虽然内部地址可以随机挑选，但是通常使用如下地址。

10.0.0.0～10.255.255.255（A 类私有 IP 地址范围）

172.16.0.0～172.31.255.255（B 类私有 IP 地址范围）

192.168.0.0～192.168.255.255（C 类私有 IP 地址范围）

全局地址：是指合法的 IP 地址，是由 NIC（网络信息中心）或者 ISP（网络服务提供商）分配的地址，对外代表一个或多个内部局部地址，是全球统一可寻址的合法 IP 地址。

内部合法地址（inside global address）：对外进入 IP 通信时，代表一个或多个内部本地地址的合法 IP 地址。

内部端口（inside port）：内部端口可以为任意一个路由器端口，需要申请才可取得的 IP 地址内部端口，连接的网络用户使用的是内部 IP 地址。

外部端口（outside）：连接的是外部的网络，如 Internet。外部端口可以为路由器上的任意端口。设置 NAT 功能的路由器至少要有一个内部端口，一个外部端口。NAT 地址之间的映射关系如图 5-11 所示。

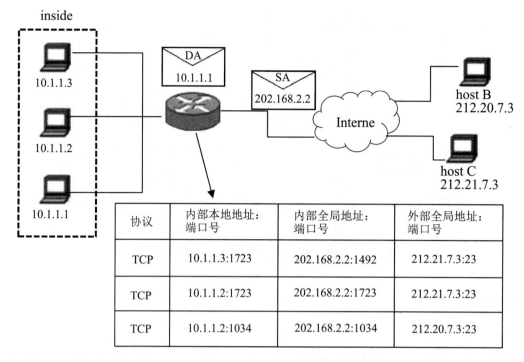

图 5-11　NAT 地址之间的映射关系

5.2.3　NAT 技术类型

NAT 主要有三种类型：静态 NAT（static NAT）、动态地址 NAT（pooled NAT）和网络地址端口转换 NAPT（portlevel NAT）。

1. 静态地址转换

静态地址转换将内部本地地址与内部合法地址进行一对一的转换，且需要指定和哪个合法地址进行转换。如果内部网络有 E-mail 服务器或 WEB 服务器等可以为外部用户提供的服务。服务器的 IP 地址必须采用静态地址转换，以便外部用户可以使用这些服务。

静态地址转换基本配置步骤如下。

步骤 1：在内部本地地址与内部合法地址之间建立静态地址转换，在全局设置状态下输入：

R（config）#ip nat inside source static　内部本地地址　内部合法地址

步骤 2：指定连接网络的内部端口，在端口设置状态下输入：

R（config-if）#ip nat inside

步骤 3：指定连接外部网络的外部端口，在端口设置状态下输入：

R（config-if）#ip nat outside

可以根据实际需要定义多个内部端口及多个外部端口。

本例中，某公司处于 Internet 环境中，提供一个能从 Internet 访问的 Web 服务器，以便浏览 Web 的用户能够浏览公司信息。该服务器位于内部网络中，并且能够从 Internet 上的主机访问该服务器。目前，拥有的内部 IP 地址 192.168.10.10/24。由于 Web 服务器必须能够通过 Internet 来访问，所以这个源 IP 地址在转发给 ISP 路由器之前，必须被转换成内部全局缓冲池中的地址。为公司 Web 服务器选择 181.100.1.10 作为转换成的内部全局地址。

某公司静态地址转换拓扑结构图如图 5-12 所示。通过 F0/0 接口连接到内部网络，而串行接口通过 PPP 链路连接到 ISP 路由器。在内部网络中，公司使用 192.168.10.0.0/24 中的地址，而全局池中的 IP 地址范围是 181.100.1.0/28。在本例中，将假定 ISP 使用静态路由来找路由器，其中路由器地址在 182.100.1.0/28 地址范围内，且 ISP 将该路由传送到 Internet 上。

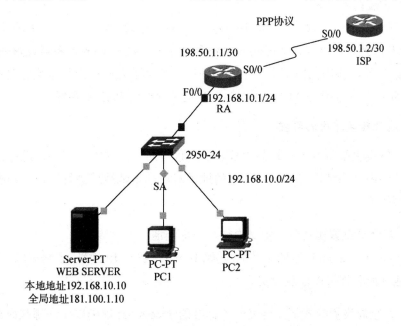

图 5-12　某公司静态地址转换拓扑结构图

配置过程：

R（config）#interface f0/0

R（config-if）#ip address 192.168.10.1 255.255.255.0

R（config-if）#ip nat inside

R（config）#interface s0/0

R（config-if#）ip address 198.50.1.1 255.255.255.252

R（config-if#）ip nat outside

R（config）#ip access-list 1 permit 192.168.10.0　　0.0.0.255

R（config）#ip nat pool internet prefix-length　28　address　181.100.1.1　181.100.1.9
address 181.100.1.11 181.100.1.14

R（config）#ip　nat　inside　source　static　192.168.10.10　181.100.1.10
R（config）#ip nat inside source list 1 pool　internet

在配置使用 ip nat inside source static 命令，以建立 192.168.10.10 和 181.100.1.10 之间的静态映射。注意本例中 NAT 池的语法有些不同。cisco 已扩展了 NAT 语法，所以可以拆分 NAT 池所用的 IP 地址范围。定义了两个不同的地址范围：从 181.100.1.1 到 181.100.1.9，以及从 181.100.1.11 从 181.100.1.14。可以将 IP 地址 181.100.1.10 从 NAT 池中排除出去，因为使用该地址进行静态转换。使用 ip nat inside source list 命令来定义 IP 地址，以允许该 IP 地址从 NAT 池中获取相应的 IP 地址。注意，只使用了标准 IP 访问表来定义 IP 地址，也可以使用一个扩展访问列表。

在使用任何其他 NAT 命令之前，应先定义 NAT 内部和外部接口，而后需要配置 NAT 池地址和 NAT 源列表，以允许能够从池中获得地址。需要为 Web 服务器设置映射 IP 地址 181.100.1.10。另外，必须在内部全局地址和内部本地地址之间给出静态映射关系，要保证 NAT 表中的 NAT 转换会将 NAT 池中的特定 IP 地址映射到 Web 服务器。

2. 动态地址转换适用的环境

动态地址转换也是将本地地址与内部合法地址一对一的转换，但是动态地址转换是从内部合法地址池中动态地选择一个未使用的地址对内部本地地址进行转换。动态地址转换基本配置步骤如下。

步骤 1：在全局设置模式下，定义内部合法地址池。

R（config）#ip nat pool 地址池名称 起始 IP 地址 终止 IP 地址 子网掩码

其中，地址池名称可以任意设定。

步骤 2：在全局设置模式下，定义一个标准的 access-list 规则以允许哪些内部地址可以进行动态地址转换。

R（config）#access-list 标号 permit 源地址 通配符

其中，标号为 1-99 之间的整数。

步骤 3：在全局设置模式下，将由 access-list 指定的内部本地地址与指定的内部合法地址池进行地址转换。

R（config）#ip nat inside source list 访问列表标号 pool 内部合法地址池名字

步骤 4：指定与内部网络相连的内部端口在端口设置状态下。

R（config-if）#ip nat inside

步骤 5：指定与外部网络相连的外部端口。

R（config-if）#ip nat outside

本例中，某公司通过 F0/0 接口连接到内部网络，S0/0 接口连接到 ISP 网络。公司与其 ISP 的路由器共享该网段。在内部网络中，公司使用 10.0.0.0/24 地址空间中的地址。公司为自己提供一个 IP 地址 181.100.1.0/24。公司路由器的接口使用 IP 地址 181.100.1.1，而 ISP 路由器接口则使用 IP 地址 181.100.1.2，而将那些从 181.100.1.0/24 开始的其余地址留给 NAT 转换。公司希望在路由器上使用必要的命令，以使其内部用户能够使用 ISP 所提供的地址空间中的有效，以访问 Internet。某公司动态地址转换拓扑结构图如图 5-13 所示。

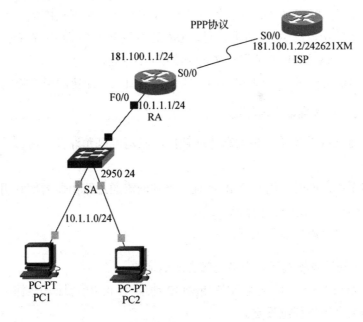

图 5-13　某公司动态地址转换拓扑结构图

配置过程：

R（config）#interface f0/0
R（config-if）#ip address　10.1.1.1 255.255.255.0
R（config-if）#ip nat inside
R（config）#interface　s0/0
R（config-if）# ip address 181.100.1.1 255.255.255.0
R（config-if）# ip nat outside
R（config）#ip access-list 10 permit 10.1.1.0 0.255.255.255
R（config）#ip nat pool　internet　181.100.1.3　181.100.1.14　netmask 255.255.255.0
R（config）#ip nat inside source list 10 pool internet

在该方案中，定义了用于 NAT 的接口。通过相应的命令放在每个接口下面，指定该接口是一个 NAT 外部接口或内部接口。如果不将接口指定为一个 NAT 内部或 NAT 外部接口，或者指定的不正确，则 NAT 就不能正确工作。如果不定义 NAT 接口，NAT 根本不工作，并且 debug ip nat detail 命令也不会输出任何结果。如果已定义了所有其他的 NAT 命令，但 NAT 还是不工作，则确认每个接口下面的所放的 NAT 命令是否合理。

在每个接口下面定义了合适的 NAT 命令之后，就可以定义存放内部全局地址的 NAT 池。定义的起始 IP 地址是 181.100.1.3，而结束地址为 181.100.1.14。不使用 181.100.1.1 和 181.100.1.2 地址是因为：这两个地址分别用于用户路由器和 ISP 路由器。由于这两个地址也与用户路由器上的 S0/0 接口所在的子网是同一子网地址，用户路由器将使用自己的 MAC 地址回答来自 ISP 路由器的 ARP 请求。允许 ISP 路由器从 NAT 池中解析出 IP 地址，并使用从 NAT 池中取出的目标 IP 地址将报文发送给用户路由器。

注意：NAT 地址池并非必须来自与用户路由器接口上所配置的子网相同。

3. 复用动态地址转换适用的环境

复用动态地址转换首先是一种动态地址转换，但是可以允许多个内部本地地址共用一个内部合法地址。

注意：当多个用户同时使用一个 IP 地址，外部网络通过路由器内部利用上层，如 TCP 或 UDP 端口号等唯一标识某台计算机。

复用动态地址转换配置步骤如下。

步骤 1：在全局设置模式下，定义内部合法地址池。

R（config）#ip nat pool 地址池名字 起始 IP 地址 终止 IP 地址 子网掩码
其中地址池名字可以任意设定。

步骤 2：在全局设置模式下，定义一个标准的 access-list 规则以允许哪些内部本地地址可以进行动态地址转换。

R（config）#access-list 标号 permit 源地址 通配符
其中标号为 1~99 之间的整数。

步骤 3：在全局设置模式下，设置在内部的本地地址与内部合法 IP 地址间建立复用动态地址转换。

R（config）#ip nat inside source list 访问列表标号 pool 内部合法地址池名字 overload
在端口设置状态下，指定与内部网络相连的内部端口：

R（config-if）#ip nat inside
在端口设置状态下，指定与外部网络相连的外部端口：

R（config-if）#ip nat outside

在本例中，某公司使用一台两接口路由器，一个是 F0/0，另一个是串行接口。F0/0 连接到内部网络，而串行接口则通过 PPP 链路连接到 ISP 路由器。在内部网络中，公司使用 10.0.0.0/24 地址范围内的地址。公司已从其供应商那里获得了一个单一的全局可路由的 IP 地址 181.100.1.1，并且该地址用于路由器的串行接口上。公司使用 PAT 将其所有的内部本地地址转换成单一的内部全局地址 181.100.1.1。公司希望提供可以从 Internet 访问的 FTP 和 Web 服务器，并且对 Web 服务器的请求应被送到 Web 服务器所在的地址 10.1.1.100；而 FTP 请求则被送到 FTP 服务器所在的地址 10.1.1.101，某公司 NAPT 地址转换结构图如图 5-14 所示。

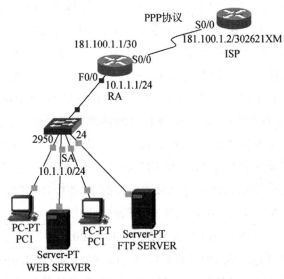

图 5-14　某公司 NAPT 地址转换结构图

配置过程：

R（config）#interface　f0/0
R（config-if）#ip address 10.1.1.1 255.255.255.0
R（config-if）#ip nat inside
R（config）#interface　s0/0
R（config-if）#ip address 181.100.1.1 255.255.255.252
R（config-if）#ip nat outside
R（config）#ip access-list 1 permit 10.0.0.0 0.255.255.255
R（config）#ip nat inside source list 1 interface　s0/0　overload
R（config）#ip nat inside source list 1 static tcp　10.1.1.100　80　181.100.1.1　80
R（config）#ip nat inside source list 1 static tcp　10.1.1.101　21　181.100.1.1　21
R（config）#ip access-list　20　permit　10.0.0.0 0.255.255.255
R（config）# ip　nat　pool　internet 181.100.1.3 181.100.1.14　netmask 255.255.255.0

```
R（config）# ip nat inside source list   20   pool   internet   overload
R（config）#ip nat inside source list 1 static tcp 10.1.1.100   80   181.100.1.1   80
R（config）#ip nat inside source list 1 static tcp 10.1.1.101   21   181.100.1.1   21
```

先定义 NAT 所用的接口,并通过命令放在每个接口下面来定义接口是 NAT 内部或外部接口。通常,在定义 NAT 接口之后,再定义 NAT 池来指定所用的内部全局地址。在本例中使用了一个单一的内部全局地址,并且将该单一内部全局地址用于路由器的 serial0/0 接口上。由于只有一个单一内部全局地址并且用于路由器自己的接口上,所以不需要定义 NAT 池。只简单地使用示例中所示的 inside source list 语句即可。所定义源列表使用路由器接口的 IP 地址,并且超载该单一 IP 地址。该命令允许来自 10.1.1.0/24 网络的内部主机访问 Internet。路由器执行 PAT 来创建 TCP/UDP 端口的 NAT 映射。完成该步骤以后,接下来需要为内部 Web 和 FTP 服务器创建静态映射。因为只有一个单一的内部全局 IP 地址,因此要根据 IP 地址以及 TCP 或 UDP 端口来定义静态映射。将目标地址为 181.100.1.1 和目标 TCP 端口为 80 的报文地址转换成 TCP 端口 80 上的 10.1.1.100 内部主机地址。还将目标地址为 181.100.1.1 和目标 TCP 端口为 21 的报文地址转换成 TCP 端口 21 上的 10.1.1.101 内部主机地址。这样就在不同的内部服务器上提供了 Web 和 FTP 服务,虽然只有一个单一的内部全局地址。

注意:由于该命令语法允许指定内部服务器的 IP 地址和端口,所以可以在内部提供多个 Web 和 FTP 服务器。例如,可以创建如下的静态映射:

```
ip nat inside source static tcp 10.1.1.102 21   181.100.1.1   27
```

该转换将所有目标地址为 181.100.1.1,且目标端口为 27 的向内报文的地址转换为 FTP 端口上的地址 10.1.1.102。外部用户能够知道 FTP 服务器使用非标准的端口,而大多数的 FTP 客户机都提供这一能力。公司可以使用各种不同的端口转换方法来提供服务。

5.2.4　NAT 转换技术三者之间的区别

静态 NAT 设置起来最为简单和最容易实现的一种,内部网络中的每个主机都被永久映射成外部网络中的某个合法的地址。而动态地址 NAT 则是在外部网络中定义了一系列的合法地址,采用动态分配的方法映射到内部网络。NAPT 则是把内部地址映射到外部网络的一个 IP 地址的不同端口上。

动态地址 NAT 只是转换 IP 地址,它为每一个内部的 IP 地址分配一个临时的外部 IP 地址,主要应用于拨号,对于频繁的远程联接也可以采用动态 NAT。当远程用户联接上之后,动态地址 NAT 就会分配给他一个 IP 地址,用户断开时,这个 IP 地址就会被释放而留待以后使用。

网络地址端口转换 NAPT（network address port translation）是人们比较熟悉的一种转换方式。NAPT 普遍应用于接入设备中,它可以将中小型的网络隐藏在一个合法的 IP 地址后面。NAPT 与动态地址 NAT 不同，它将内部连接映射到外部网络中的一个单独的 IP 地址上，同时在该地址上加上一个由 NAT 设备选定的 TCP 端口号。

　　在 Internet 中使用 NAPT 时，所有不同的信息流看起来好像来源于同一个 IP 地址。这个优点在小型办公室内非常实用，通过从 ISP 处申请的一个 IP 地址，将多个连接通过 NAPT 接入 Internet。实际上，许多 SOHO（small office home office，小型家庭办公）远程访问设备支持基于 PPP 的动态 IP 地址。ISP 可以不需要支持 NAPT，就可以做到多个内部 IP 地址共用一个外部 IP 地址上 Internet，这样会导致信道的一定拥塞，但考虑到节省的 ISP 上网费用和易管理的特点，用 NAPT 还是具有一定的经济价值。

实训 3：路由器基本配置

　　路由器基本配置拓扑如图 5-15 所示。

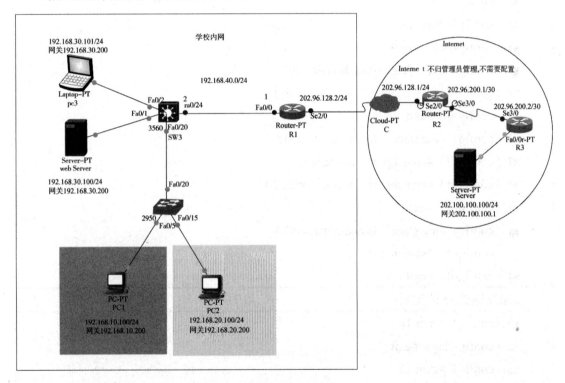

图 5-15　路由器基本配置拓扑

　　如下网络的拓扑中，根据要求配置 nat 地址转换技术实现网络的连通。

　　（1）根据网络的基本结构，根据地址规划和要求组建内部网络，地址和设备。

　　（2）使用三层交换为 VLAN 做路由。

　　（3）内网使用 OSPF 协议实现内部网络通信地址转换要求。

　　（4）PC3 为网络管理员的个人办公电脑，要求使用地址转换到外网链接最后一个地址，实现上网。

（5）内部网络所有主机要求能动态使用企业申请到的地址实现跟外部网络通信（地址：202.96.128.20-202.96.128.100）。

（6）Web server 服务器能使用 202.96.128.2 的 80 端口为外部网络提供 Web 服务。

1. 设备配置实现

交换机 s1 的配置：

```
switch>enable
switch#configure terminal
switch（config）#ho s1
s1（config）#vlan 10
s1（config-vlan）#exit
s1（config）#vlan 20
s1（config-vlan）#exit
s1（config）#interface    fastethernet    0/5
s1（config-if）#switchport    access    vlan 10
s1（config-if）#exit
s1（config）#interface    fastethernet    0/15
s1（config-if）#switchport    mo access
s1（config-if）#switchport    access    vlan 20
s1（config-if）#exit
s1（config）#interface    fastethernet    0/20
s1（config-if）#switchport    mo trunk
s1（config-if）#exit
```

三层交换机 s3 的配置：

```
s3（config）#vlan 10
s3（config-vlan）#exit
s3（config）#vlan 20
s3（config-vlan）#exi
s3（config）#vlan 30
s3（config-vlan）#exit
s3（config）#interface    range fastethernet    0/1-2
s3（config-if-range）#switchport    access    vlan 30
s3（config-if-range）#exit
```

```
s3（config）#interface fastethernet   0/20
s3（config-if）#switchport   trunk encapsulation dot1q
s3（config-if）#switchport   mo trunk
s3（config-if）#exi
s3（config）#interface vlan 10
s3（config-if）#ip address 192.168.10.200 255.255.255.0
s3（config-if）#no shutdown
s3（config-if）#exit
s3（config）#interface   vlan 20
s3（config-if）#ip address 192.168.20.200 255.255.255.0
s3（config-if）#exit
s3（config）#interface   vlan 30
s3（config-if）#ip address 192.168.30.200 255.255.255.0
s3（config-if）#exit
s3（config）#
s3（config）#interface   fastethernet   0/24
s3（config-if）#no switchport
s3（config-if）#ip address   192.168.40.2 255.255.255.0
s3（config-if）#no sh
s3（config-if）#exit
s3（config）#router ospf 1
s3（config-router）#network 192.168.10.0 0.0.0.255 area 0
s3（config-router）#network 192.168.20.0 0.0.0.255 area 0
s3（config-router）#network 192.168.30.0 0.0.0.255 area 0
s3（config-router）#network 192.168.40.0 0.0.0.255 area 0
s3（config-router）#exit
s3（config）#
```

路由器 R1 的配置：

```
router>enable
router#configure terminal
router（config）#hostname R1
R1（config）#interface   fastethernet   0/0
R1（config-if）#ip address 192.168.40.1 255.255.255.0
R1（config-if）#no sh
```

```
R1（config-if）#exi
R1（config）#interface serial 2/0
R1（config-if）#ip add 202.96.128.2 255.255.255.0
R1（config-if）#no shutdown
R1（config-if）#exi
R1（config-if）#exit
R1（config）#
R1（config）#ip route 0.0.0.0 0.0.0.0 202.96.128.1    //出口默认路由
R1（config）#R1 ospf   1
R1（config-R1）#network 192.168.40.0 0.0.0.255 area 0
R1（config-R1）#default-information originate   //注入默认路由
通过这条命令配置，内部的三层交换机会产生一条默认路由指向边界路由器
R1（config-R1）#exit
R1（config）#
```

使用 show ip route 命令测试 R1 和 s3 上面的路由表是否正常。

2. 配置 nat 地址转换实现网络的要求

```
做地址转换之前指定内部和外部接口：
指定接口为地址转换内部接口
R1（config）#interface fastethernet 0/0
R1（config-if）#ip nat   inside
R1（config-if）#exit
指定接口为地址转换外部接口
R1（config）#interface serial 2/0
R1（config-if）#ip nat   outside
R1（config-if）#exit
pc3 为总经理的个人办公电脑，要求使用地址转换到外网链接最后一个地址，实现上网
router（config）#ip nat   inside source static 192.168.30.101 202.96.128.254
测试 pc3 能 ping 通外网 server 服务器，其他主机还不行
内部网络的所有主机要求能动态使用企业申请到的地址  202.96.128.20-202.96.128.100
实现跟外部网络的通信
定义本地全局地址的地址池 abc
router（config）#ip nat   pool abc 202.96.128.20 202.96.128.100 netmask 255.255.255.0
定义访问控制列表 1 允许所有地址进行地址转换
```

router（config）#access-list 1 permit　any

关联上面的地址池和访问控制列表，允许符合列表 1 的内部地址转换使用 abc 地址池

router（config）#ip nat inside source list 1 pool abc　//这里是 nat 地址转换

（也可以使用 pat 实现 router（config）#ip nat inside source list 1 pool abc　overload　）

Web server 服务器能使用 202.96.128.2 的 80 端口为外部网络提供 Web 服务

使用外部网络的 202.96.128.2 地址的 80 端口映射到内网 Web 服务器提供 www 服务

router（config）#ip nat　inside source static tcp 192.168.30.100 80 202.96.128.2 80

测试地址转换的效果。

拓展训练 2：课后训练

某企业网络如图 5-16 所示，要求内网的主机 pc3 和 server 服务器内通过静态地址转换技术，将这两个主机转换到内部全局地址的第二个和第三个地址实现上网通信。

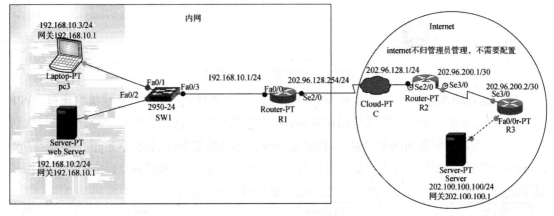

图 5-16　课后训练拓扑图

5.3　广域网连接 PPP 协议

某高校建立了分校区，而且分校区与本校区之间有一定的距离。由于学校要求信息化共享，所以要把本校区和分校区进行网络通信连接。现要求使用广域网技术实现网络的连接通信，保证网络传输的安全。

PPP 协议，即点对点连接是最常见的一种广域网（wide area network，WAN）连接方式。点对点连接用于将局域网（local area network，LAN）连接到服务提供商 WAN，以及将企业网络内部的各个 LAN 段互连在一起。LAN 到 WAN 的点对点连接也称为串行连接或租用线路连接，因为这些线路是从电信公司租用的，并且专供租用该线路的公司使用。

5.3.1 PPP 协议基本知识

PPP 点对点协议协议是为在两个对等实体间传输数据包，建立简单连接而设计的。这种连接提供了同时的双向全双工操作，并且假定数据包是按顺序投递的。

1. PPP 协议的封装模式

PPP 协议的封装模式如图 5-17 所示。

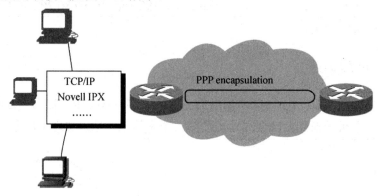

图 5-17 PPP 协议的封装模式

PPP 协议还满足了动态分配 IP 地址的需要，并能够对上层的多种协议提供支持。PPP 在 TCP/IP 协议集中是位于数据链路层的协议，其物理实现方式有两种：一种是通过以太网口，另一种就是利用普通的串行接口。PPP 是在原来的高级链路控制协议（high-level data link control，HDLC）规范之后设计的，设计将许多当时只在私有数据链路协议中的附加特性包括了进来。PPP 协议与 TCP/IP 协议之间的关系如图 5-18 所示。

应用	FTP SMTP HTTP......		DNS	
传输	TCP		UDP	
Internet	IP		IPV6	
网络接入	PPP			
	PPPoE	PPPoA	PPP	
	ethernet	ATM	串口线	调制解调器

图 5-18 PPP 协议和 TCP/IP 协议之间的关系

2. PPP 协议组成

PPP 协议是目前应用最广的广域网协议，提供一整套方案来解决链路建立、维护、拆除、上层协议协商、认证等问题。PPP 协议主要由物理层、数据链路层和网络层组成，如图 5-19 所示。

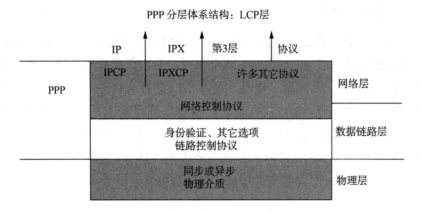

图 5-19　PPP 协议的组成

（1）在串行线路中对上层数据包的封装（HDLC）。

（2）链路控制协议（link control protocol，LCP），LCP 负责创建，维护或终止一次物理连接，用于建立、配置和检测数据链路连接。

（3）用于建立和配置不同网络层协议的网络控制协议（network control protocol，NCP）协议簇。NCP 负责解决物理连接上运行网络协议的选择，以及解决上层网络协议发生的问题。

（4）链路认证过程中的安全认证协议，包括口令验证协议（password authentication protocol，PAP）和挑战握手验证协议（challenge-handshake authentication protocol，CHAP）。

5.3.2　PPP 通信过程

用户拨入远程接入服务器的号码，通过交换电路网络（如 PSTN，public switched telephone network）建立一条物理链路之后，PPP 将根据其状态的驱动，开始数据链路连接建立的过程。PPP 链路建立的过程，如图 5-20 所示。

一个典型的链路建立过程分为三个阶段：创建阶段、认证阶段和网络协商阶段。

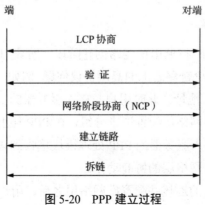

图 5-20　PPP 建立过程

阶段1: 创建PPP链路

LCP 负责创建链路。在这个阶段，将对基本的通信方式进行选择。链路两端设备通过 LCP 向对方发送配置信息报文（configure packets）。一旦一个配置成功信息包（configure-ack packet）被发送且被接收，就完成了交换，进入了 LCP 开启状态。PPP 使用 LCP 协商数据链路层选项。链路双方的 PPP 协议均使用 LCP 交换配置请求分组，该分组中包含有每一端都期望的配置信息及链路相关信息，如最大接收单元 MRU、异步控制字符映射等选项。在此阶段，双方可以协商使用某一种认证协议如 PAP 或 CHAP。LCP 认为所有的请求均能满足，则发送配置确认分组。在链路创建阶段，只是对验证协议进行选择，用户验证将在第2阶段实现。

阶段2: 用户验证

在这个阶段，客户端会将自己的身份发送给远端的接入服务器。该阶段使用一种安全验证方式避免第三方窃取数据或冒充远程客户接管与客户端的连接。在认证完成之前，禁止从认证阶段前进到网络层协议阶段。如果认证失败，认证者应该回迁到链路终止阶段。当用户 PC 与接入服务器的 LCP 均发送和接收到配置确认分组后，则认为链路已经成功地建立，于是要求用户输入用户名及口令，进入认证阶段。用户根据提示信息输入用户名和口令，将这些信息传递给接入服务器。接入服务器收到该请求后，再将该信息传送给 RADIUS 进程。RADIUS 进程组成接入请求分组，该分组中包含有用户名、口令、用户接入的端口号等信息，然后将该分组传给 RADIUS 服务器。RADIUS 服务器收到该分组就对用户的身份进行验证，若用户身份合法，则传回确认信息，其中附带有分配给用户的 IP 地址。接入服务器将确认的信息传给用户，通知用户身份合法。用户收到该分组后就开始协商网络层选项。

在验证阶段，只有链路控制协议、认证协议，和链路质量监视协议的 packets 是被允许的，接收到的其他的 packets 必须被默认的丢弃。最常用的认证协议有口令验证协议（PAP）和挑战握手验证协议（CHAP）。

阶段3: 调用网络层协议

认证阶段完成之后，PPP 将调用在链路创建阶段（阶段1）选定的各种网络控制协议（NCP）。选定的 NCP 解决 PPP 链路之上的高层协议问题，例如，在该阶段 IP 控制协议（IPCP）可以向拨入用户分配动态 IP 地址。此时用户与接入服务器的 NCP 协议（IPCP，IP control protocol，IP 控制协议）交换网络层配置请求分组，在 PPP 层上建立、配置网络层，该分组中带有 IP 地址请求信息。接入服务器的 PPP 处理模块接收到该信息，将从认证服务器处获得的 IP 地址传给用户，完成网络层的协商动作。

在 PPP 建立数据链路层的连接并配置好网络层之后，用户与接入服务器之间就可以开始数据传递的工作。在整个数据传递期间，接入服务器负责信息的转发，功能上与路由器相似。

经过以上三个阶段后，一条完整的 PPP 链路就建立起来了。具体链路状态过程如图 5-21所示。

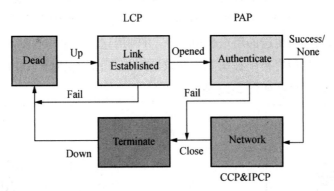

图 5-21　PPP 链路状态过程

用户通信完毕后要进行连接释放的工作以终止链路。链路终止可以在任何时候发生，这种终止可能来源于用户、物理事件（载波丢失、确认失败、超时）等。终止过程通过交换 LCP 链路终止分组来关闭数据链路层的连接，然后要求 modem 断开物理层连接。至此，整个通信过程结束。

点对点串行通信，而不是使用表面上看起来更快的并行连接，将 LAN 连接到服务提供商 WAN。理解 PPP 及其功能、组件和体系结构，可以解释如何使用 LCP 和 NCP 的功能来建立 PPP 会话。配置 PPP 连接所需各选项的用法以及如何使用 PAP 或 CHAP 确保安全连接。PPP 链路工作过程如图 5-22 所示。

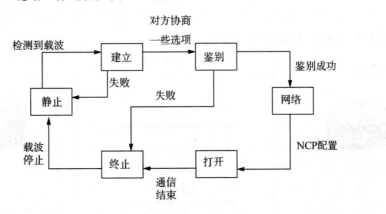

图 5-22　PPP 链路工作过程

5.3.3 PPP 协议的认证过程

1. 口令验证协议（PAP）

PAP 是一种简单的明文验证方式。网络接入服务器（network access server，NAS）要求用户提供用户名和口令，PAP 以明文方式返回用户信息。这种验证方式的安全性较弱，第三方可以很容易的获取被传送的用户名和口令，并利用这些信息与 NAS 建立连接获取 NAS 提供的所有资源。一旦用户密码被第三方窃取，PAP 无法提供避免受到第三方攻击的保障措施。PAP 协议的认证过程如图 5-23 所示。

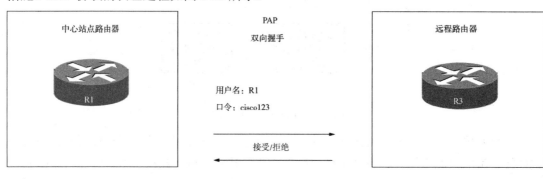

图 5-23　PAP 协议的认证过程

2. 挑战握手验证协议（CHAP）

CHAP 是一种加密的验证方式，能够避免建立连接时传送用户的真实密码。NAS 向远程用户发送一个挑战口令（challenge），其中包括会话 ID 和一个任意生成的挑战字串（arbitrary challenge string）。远程客户必须使用 MD5 单向哈希算法（one-way hashing algorithm）返回用户名和加密的挑战口令，会话 ID 以及用户口令，其中用户名以非哈希方式发送。CHAP 验证方式如图 5-24 所示。

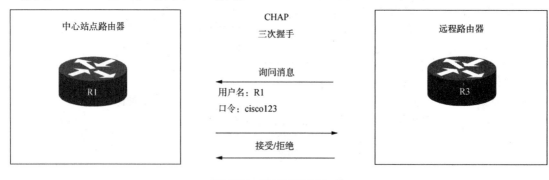

图 5-24　CHAP 验证方式

CHA 对 PAP 进行了改进，不再直接通过链路发送明文口令，而是使用挑战口令以哈希算法对口令进行加密。因为服务器端存有客户的明文口令，所以服务器可以重复客户端进行的操作，并将结果与用户返回的口令进行对照。CHAP 为每一次验证任意生成一个挑战字串来防止受到再现攻击（replay attack）。在整个连接过程中，CHAP 将不定时的向客户端重复发送挑战口令，从而避免第三方冒充远程客户（remote client impersonation）进行攻击，CHAP 身份验证过程如图 5-25 所示。

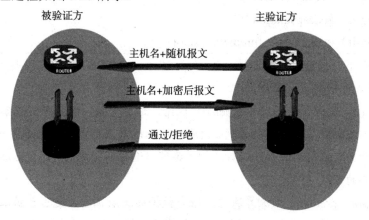

图 5-25 CHAP 身份验证过程

5.3.4 PPP 协议的配置

步骤 1：接口上启用 PPP 协议。

（1）接口上启用 PPP 协议封装。要将 PPP 设置为串行或 ISDN 接口使用的封装方法，可使用 encapsulation PPP 接口配置命令，以下示例在路由器的串行接口 S0/0 上启用 PPP 封装。

RA 的配置命令：

```
RA#configure terminal
RA（config）#interface   serial 0/0
RA（config-if）#ip add   200.10.1.1   255.255.255.252
RA（config-if）#encapsulation   PPP
```

RB 的配置命令：

```
RB#configure terminal
RB（config）#interface   serial 0/0
RB（config-if）#ip   add   200.10.1.2   255.255.255.252
RB（config-if）#encapsulation   PPP
```

encapsulation PPP 命令没有任何参数，要使用 PPP 封装，必须首先配置路由器的 IP 路由协议功能。如果不在 Cisc 路由器上配置 PPP，则串行接口的默认封装将是 HDLC 协议。

（2）数据压缩。在启用 PPP 封装后，可以在串行接口上配置点对点软件压缩。由于该选项会调用软件压缩进程，因此会影响系统性能。如果流量本身是已压缩的文件（例如.zip .tar 或.mpeg），则不需要使用该选项。如下示例在 PPP 上配置压缩功能，可输入以下命令。

RA（config）#interface serial 0/0

RA（config-if）#encapsulation PPP

RA（config-if）#compress　[predictor | stac]

LCP 支持以下一些链路压缩方法：stac、predictor、MPPC 以及 TCP 头部压缩。不同的方法对 CPU 及内存的需求并不相同。

➤ stac：stac 压缩算法基于 lempel-ziv 理论，通过查找、替换传送内容中的重复字符串的方法达到压缩数据的目的。使用 stac 压缩算法可以选择由各种硬件（适配器、模块等）压缩或者由软件进行压缩，还可以选择压缩的比率。stac 压缩算法需要占用较多的 CPU 时间。

➤ predictor：predictor 预测算法通过检查数据的压缩状态（是否已被压缩过）来决定是否进行压缩。因为，对数据的二次压缩一般不会有更大的压缩率。相反，有时经过二次压缩的数据反而比一次压缩后的数据更大。predictor 算法需要占用更多的内存。

➤ MPPC：MPPC 是微软的压缩算法实现，也是基于 lempel-ziv 理论，也需要占用较多的 CPU 时间。

➤ TCP 头部压缩：TCP 头部压缩基于 van jacobson 算法，该算法通过删除 TCP 头部一些不必要的字节来实现数据压缩的目的。

（3）错误检测。LCP 负责可选的链路质量的确认。在此阶段中，LCP 将对链路进行测试，以确定链路质量是否足以支持第 3 层协议的运行。PPP quality percentage 命令用于确保链路满足设定的质量要求，否则链路将关闭。百分比是针对入站和出站两个方向分别计算的。出站链路质量的计算方法是将已发送的数据包及字节总数与目标节点收到的数据包及字节总数进行比较。入站链路质量的计算方法是将已收到的数据包及字节总数与目标节点发送的数据包及字节总数进行比较。

如果未能控制链路质量百分比，链路的质量注定不高，链路将陷入瘫痪。链路质量监控（link quality management，LQM）执行时滞功能。这样，链路不会时而正常运行，时而瘫痪。示例配置监控链路上丢弃的数据并避免帧循环。

RA（config）#interface serial 0/0

RA（config-if）#encapsulation PPP

RA（config-if）#PPP quality 85

使用 no PPP quality 命令禁用 LQM。

（4）多链路均衡。多链路 PPP（也称为 MP、MPPP、MLP 或多链路）提供在多个 WAN

物理链路分布流量的方法，同时还提供数据包分片和重组、正确的定序、多供应商互操作性以及入站和出站流量的负载均衡等功能。

LCP 的多链路捆绑（MP）选项通过将通信两端之间的多条通信链路捆绑成一条虚拟的链路而达到扩充链路可用带宽的目的。

LCP 的多链路捆绑可以在多种类型的物理接口上实现，包括异步串行接口、同步串行接口、ISDN 基本速率接口 BRI（basic rate interfaceI）、ISDN 主速率接口 PRI（primary rate interfaceI）。LCP 的多链路捆绑也支持不同的上层协议封装类型，如 X.25、ISDN（integrated services digital network，综合业务数字网）、帧中继等。

MPPP 允许对数据包进行分片并在多个点对点链路上将这些数据段同时发送到同一个远程地址。在用户定义的负载阈值下，多个物理层链路将恢复运行。MPPP 可以只测量入站流量的负载，也可以只测量出站流量的负载，但不能同时测量入站和出站流量的负载。以下示例命令对多个链路执行负载均衡功能。

RA（config）#interface   serial 0/0

RA（config-if）#encapsulation PPP

RA（config-if）#PPP multilink

multilink 命令没有任何参数。要禁用 PPP 多链路，可使用 no PPP multilink 命令。

步骤 2：配置 PPP 验证模式

（1）配置 PAP 身份验证模式，拓扑结构图如图 5-26 所示。

PPP协议封装，PAP身份验证配置

图 5-26 PAP 身份验证拓扑结构图

配置命令如下。

RA（config）#int   s0/0

RA（config-if）#ip   add   200.10.1.1 255.255.255.252

RA（config-if）#encapsulation   PPP

RA（config-if）#username   RB   password   class（一端路由器上的创建的用户名与口令，必须与对端路由器的主机名一致，两者的口令也必须一致）

RA（config-if）#PPP   authentication   pap

RA（config-if）#PPP   pap   sent-username RA   password   class（一端路由器发送的 PAP

用户名和口令必须与另一端路由器的 username name password password 命令指定的用户名和口令一致）

　　PAP 使用双向握手为远程节点提供了一种简单的身份验证方法。此验证过程仅在初次建立链路时执行。

```
RB（config）#int    s0/0
RB（config-if）#ip add 200.10.1.2 255.255.255.252
RB（config-if）#encapsulation    PPP
RB（config-if）#username    RA   password    class
RB（config-if）#PPP    authentication    pap
RB（config-if）#PPP    pap    sent-username    RB    password    class
```

　　（2）CHAP 身份验证模式，拓扑结构图如图 5-27 所示。

PPP协议封装，CHAP身份验证配置

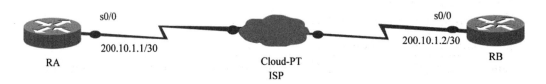

s0/0　　　　　　　　　　　　　　　　　　　　　s0/0
200.10.1.1/30　　　　　　　　　　　　　　200.10.1.2/30
RA　　　　　　　　　Cloud-PT　　　　　　　　RB
　　　　　　　　　　　ISP

图 5-27　CHAP 身份验证拓扑结构图

配置命令如下。

```
RA（config）#int    s0/0
RA（config-if）#ip add 200.10.1.1 255.255.255.252
RA（config-if）#encapsulation    PPP
RA（config-if）#username    RB    password    class（一端路由器上的创建的用户名与口
令，必须与对端路由器的主机名一致，两者的口令也必须一致）
RA（config-if）#PPP    authentication    chap
```

```
RB（config）#int    s0/0
RB（config-if）#ip add 200.10.1.2 255.255.255.252
RB（config-if）#encapsulation    PPP
RB（config-if）#username    RA    password    class
RB（config-if）#PPP    authentication    chap
```

实训 4：路由器基本配置

　　路由器基本配置拓扑如图 5-28 所示。

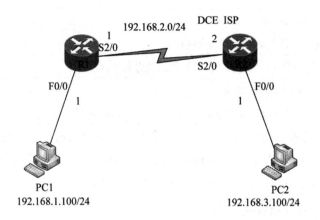

图 5-28　路由器基本配置拓扑

1. 设备配置实现

R1（config）#interface serial 0/2

R1 （config-if）#ip address　192.168.2.1　255.255.255.0

R1 （config-if）#encapsulation　PPP

ISP 端也需要配置成 PPP 封装协议，否则两端会因封装协议不同，无法正常通信。

R2（config）#interface　serial 2/0

R2 （config-if）#ip　address　192.168.2.2　255.255.255.0

R2 （config-if）#clock rate 64000

R2 （config-if）#encapsulation　PPP

两端配置成相同的封装协议后，可以正常通信，只是没有经过认证，无法确认是否合法。而在 ISP 接入中，为了对客户端进行相应的计费和验证，需要 ISP 端配置要求验证的模式 PAP 或 CHAP 和客户端发送合法的帐户名和密码给 ISP 进行验证。验证通过后，链路才能正常建立连接。

2. 配置 PAP 认证方式

PAP 采用两次握手协议，首先被认证方将帐号，密码以明文的方式发给主认证方，后由主认证方返回成功与否的信息。由于 PAP 在链路上采用明文方式传输帐户名和密码，所以不够安全。PAP 模式下可实行单向认证或双向认证。

3. PAP 模式下的单向认证

在 ISP 端添加 CPE 端认证需要用到的用户名和密码、保存在路由器的本地数据库，并在接口上启用认证模式为 PAP。

R2 （config）#username　comm　password　class

> R2 （config）#interface s2/0
>
> R2 （config-if）#PPP authentication pap

在 R1 端配置将用户名和密码发送给 R2 端进行验证

> R1 （config-if）#interface s2/0
>
> R1 （config-if）#PPP pap sent-username comm password class

验证时可以将少量的用户名和密码直接配置在本地路由器上。实际应用中，由于用户量较大，需要配置专门的认证服务器 radius 或 tacacs+，进行用户和密码认证管理、授权以及计费等应用。目前，家庭上网大部分采取这种管理方式。

4. PAP 模式下的双向认证

PAP 双向认证需要在 ISP 和 CPE 两端的本地路由器数据库中都保存一份对方的用户名和密码，并在接口上启用认证模式为 PAP 及发送本端用户名和密码给对方进行验证。

ISP 端配置命令：

> R2 （config）#username CPE password 0 class
>
> R2 （config）#interface s2/0
>
> R2 （config-if）#PPP authentication pap
>
> R2 （config-if）#PPP pap sent-username ISP password 0 class

CPE 端配置命令：

> R1 （config）#username ISP password 0 cisco
>
> R1 （config）#interface s2/0
>
> R1 （config-if）#PPP authentication pap
>
> R1 （config-if）#PPP pap sent-username CPE password 0 class

5. 配置 CHAP 认证方式

由于 PAP 认证模式采用的是以明文传送用户名和密码，安全性不高。如果网络环境要求安全性较高时，需要采用 CHAP 认证协议。CHAP 采用三次握手，分为以下三个步骤。

步骤 1：当被认证方要同主认证方建立连接时，主认证方发送本地用户名 ISP 和一个挑战随机数 X 给被认证方，同时将这个挑战随机数 X 备份在本地数据库中。

步骤 2：被认证方根据收到的用户名 ISP 查询自己数据库，调出相应密码 Y。将密码 Y 和随机数 X 一起放入 MD5 加密器中加密，将得到 hash 值 Z1 和本地用户名 CPE 一起返回给主认证方。

步骤 3：主认证方根据被认证方发来的用户名 CPE 找到对应的密码 Y，并在自己的备份数据库找出第一步中发给被认证方的挑战随机数 X，将挑战随机数 X 和密码 Y 一起放入 MD5 加密器中加密进行计算得到的 hash 值 Z2。与从被认证方接收到的 hash 值 Z1 进行对比，如果 Z1＝Z2 则验证成功，不同则认证失败。

在此认证过程中，用户名和挑战随机数 X 及 HASH 值 Z 等仍然算是明文传送的，但密码 Y 要求两端必须一致，且并不在认证过程中互相传递。由于 MD5 算法的复杂性及不可逆性，如果不知道密码 Y，很难根据挑战随机数 X 算出一个等值的 HASH 值 Z，具有较高的认证安全性。

6. CHAP 模式下的单向认证

在 ISP 端添加 CPE 端的用户名和密码及在接口上启用 CHAP 认证模式。

```
R2（config）#username   R1   password   0   cisco
R2（config）# interface   s2/0
R2（config-if）#PPP authentication chap
R2（config-if）#PPP chap hostname   ISP  （可选）
```

如不指定用户名，则默认发送路由器名给对方。

在 R1 端配置验证过程中使用的用户名和密码

```
R1（config-if）#interface s2/0
R1（config-if）#PPP chap hostname  R1
R1（config-if）#PPP chap password cisco
```

以上在 R1 端只是指定 PPP CHAP 认证过程中需要使用的用户名和密码，用户名在认证过程中会传递给对方，密码则不会在认证过程中进行交流。

7. CHAP 模式下的双向认证

同 PAP 双向认证一样，CHAP 双向认证同样需要在 ISP 和 CPE 两端的本地路由器数据库中都保存一份对方的用户名和密码，并在接口上启用认证模式为 CHAP 及指定发送本端用户名（可选）给对方进行验证，密码则不需要发送给对方，保障了认证的安全性。

ISP 端配置命令：

```
R2（config）#username   R1   password   0    cisco
R2（config）# interface   s2/0
R2（config-if）#PPP   authentication   chap
R2（config-if）#PPP   chap   hostname   R2
```

CPE 端配置命令：

```
R1（config）#username   R2   password 0 cisco
R1（config-if）#interface s2/0
R1（config-if）#PPP authentication chap
R1（config-if）#PPP chap hostname   R1
```

拓展训练 3：课后训练

假设某某是公司的网络管理员，公司为了满足不断增长的业务需求，申请了专线接入。某某的客户端路由器与 ISP 进行链路协商时要验证身份，配置路由器保证链路建立，并考虑其安全性。课后训练拓扑图如图 5-29 所示。

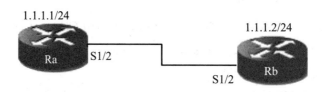

1.1.1.1/24

1.1.1.2/24

Ra S1/2

S1/2 Rb

图 5-29　课后训练拓扑图

本章小结

本章主要讲述了访问控制列表 ACL、NAT 地址转换和广域网连接 PPP 协议。通过本章学习，读者应了解 ACL 的基本类型及其过滤方法；掌握 Nat 地址转换的基本工作原理；了解广域网链路协议 PPP 及其认证方法。

本章习题

1. 端口上应用访问列表什么时候用 in，什么时候用 out？
2. 简述 ACL 的工作过程。
3. 简述网络地址转换的优缺点。
4. NAT 技术类型有哪些？
5. 简述 NAT 转换技术三者之间的区别。
6. 简述 PPP 协议的组成。
7. 简述 PPP 通信过程。
8. 简述 PPP 协议的认证过程。

第 6 章　DHCP 服务管理

【本章导读】

如图 1-7 所示的网络拓扑中，信息点数量众多，网络管理员为客户机配置 IP 地址是一项非常繁琐的工作。因此需要部署 DHCP 服务，减轻 IP 配置工作量，并有效减少 IP 冲突。

【本章目标】

➢　了解三层交换机 DHCP 服务配置能力。

➢　掌握跨网段实现 DHCP 中继功能。

6.1　DHCP 服务的配置与管理

科盟公司已经组建了企业网，然而随着笔记本电脑的普及，职工移动办公电脑越来越多。当计算机从一个网络移动到另一个网络时，需要重新设置网络的 IP 地址、网关等信息，用户觉得烦琐。网络管理员规划网络分配 IP 地址带来了困难。现需要网络中的用户无论处于网络中什么位置，都不需要配制 IP 地址、默认网关等信息就能够连接上互联网。

6.1.1　DHCP 基本知识

动态主机配置协议（dynamic host configuration protocol，DHCP）通常被应用在大型的局域网络环境中。主要作用是集中的管理、分配 IP 地址，使网络环境中的主机动态的获得 IP 地址、gateway 地址、DNS 服务器地址等信息，并能够提升地址的使用率。

DHCP 协议采用客户端/服务器模型，主机地址的动态分配任务由网络主机驱动。当 DHCP 服务器接收到来自网络主机申请地址的信息时，才会向网络主机发送相关的地址配置等信息，以实现网络主机地址信息的动态配置。

1. DHCP 的用途

DHCP 是一个局域网的网络协议，使用 UDP 协议工作主要有以下两个用途。

（1）给内部网络或网络服务供应商自动分配 IP 地址。

（2）给用户或者内部网络管理员作为对所有计算机作中央管理的手段。

DHCP 有 3 个端口，其中 UDP67 和 UDP68 为正常的 DHCP 服务端口，分别作为 DHCP server 和 DHCP client 的服务端口；546 号端口用于 DHCPv6 client，而不用于 DHCPv4，是为 DHCP failover 服务。这是需要特别开启的服务，DHCP failover 是用来做"双机热备"的。

2. DHCP 的功能

通常，DHCP 具有以下几个功能。

（1）保证任何 IP 地址在同一时刻只能由一台 DHCP 客户机所使用。

（2）DHCP 应当可以给用户分配永久固定的 IP 地址。

（3）DHCP 应当可以同用其他方法获得 IP 地址的主机共存（例如手工配置 IP 地址的主机）。

（4）DHCP 服务器应当向现有的 BOOTP 客户端提供服务。

3. DHCP 分配 IP 地址方式

DHCP 有以下三种机制分配 IP 地址。

（1）自动分配方式（automatic allocation），DHCP 服务器为主机指定一个永久性的 IP 地址，一旦 DHCP 客户端第一次成功从 DHCP 服务器端租用到 IP 地址后，就可以永久性的使用该地址。

（2）动态分配方式（dynamic allocation），DHCP 服务器给主机指定一个具有时间限制的 IP 地址，时间到期或主机明确表示放弃该地址时，该地址可以被其他主机使用。

（3）手工分配方式（manual allocation），客户端的 IP 地址是由网络管理员指定的，DHCP 服务器只是将指定的 IP 地址告诉客户端主机。

三种地址分配方式中，只有动态分配可以重复使用客户端不再需要的地址。

4. DHCP 客户端

在支持 DHCP 功能的网络设备上将指定的端口作为 DHCP client，通过 DHCP 协议从 DHCP server 动态获取 IP 地址等信息，来实现设备的集中管理。一般应用于网络设备的网络管理接口上。DHCP 客户端可以带来如下好处。

（1）降低了配置和部署设备时间。

（2）降低了发生配置错误的可能性。

（3）可以集中化管理设备的 IP 地址分配。

5. DHCP 服务器

DHCP 服务器指的是由服务器控制一段 IP 地址范围，客户端登录服务器时就可以自动获得服务器分配的 IP 地址和子网掩码。

6.1.2　DHCP 数据包格式

DHCP 消息的格式是基于 BOOTP（bootstrap protocol）消息格式的，这就要求设备具有 BOOTP 中继代理的功能，并能够与 BOOTP 客户端和 DHCP 服务器实现交互。BOOTP 中继代理的功能，使得没有必要在每个物理网络都部署一个 DHCP 服务器。DHCP 模式如图 6-1 所示。

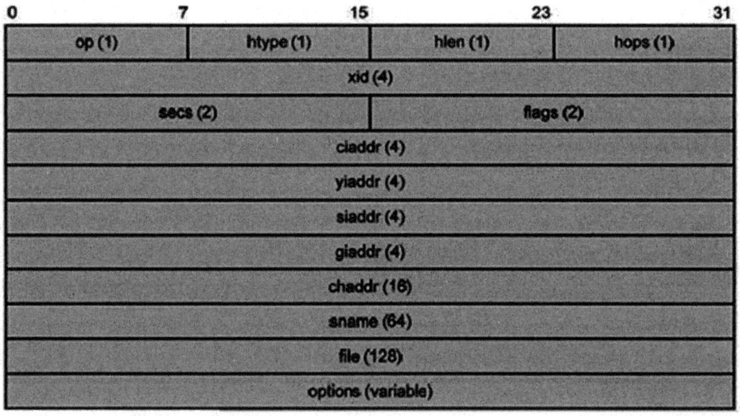

图 6-1　DHCP 模式

DHCP 的各字段定义如下。

OP：若是 client 送给 server 的封包，设为 1，反向为 2。

htype：硬件类别，ethernet 为 1。

hlen：硬件地址长度，ethernet 为 6。

hops：若封包需经过 router 传送，每站加 1；若在同一网内，为 0。

Transaction ID：DHCP request 时产生的数值，以作 DHCP reply 时的依据。

seconds：client 端启动时间（秒）。

flags：从 0 到 15 共 16 bits，最左一 bit 为 1 时，表示 server 将以广播方式传送封包给 client，其余尚未使用。

ciaddr：要是 client 端想继续使用之前取得之 IP 地址，则列于这里。

yiaddr：从 server 送回 client 之 DHCP offer 与 DHCP pack 封包中，此栏填写分配给 client 的 IP 地址。

siaddr：若 client 需要透过网络开机，从 server 送出之 DHCP offer、DHCP pack、DHCP nack 封包中，此栏填写开机程序代码所在 server 之地址。

giaddr：若需跨网域进行 DHCP 发放，此栏为 relay agent 的地址，否则为 0。

chaddr：client 之硬件地址。

sname：server 之名称字符串，以 0x00 结尾。

file：若 client 需要透过网络开机，此栏将指出开机程序名称，稍后以 TFTP 传送。

options：允许厂商定议选项（vendor-specific area），以提供更多的设定信息（如 netmask、gateway、DNS 等）。其长度可变，同时可携带多个选项。每一选项之第一个 byte 为信息代码，然后一个 byte 为该项数据长度，最后为项目内容。code len value 此字段完全兼容 BOOTP，同时扩充了更多选项。

其中，DHCP 封包可利用编码为 0x53 之选项来设定封包类别。

项值类别如下。

➢ DHCP discover
➢ DHCP offer
➢ DHCP request
➢ DHCP decline
➢ DHCP pack
➢ DHCP nack
➢ DHCP release

6.1.3 DHCP 工作原理

DHCP 协议采用 UDP 作为传输协议，主机发送请求消息到 DHCP 服务器的 67 号端口，DHCP 服务器回应，应答消息给主机的 68 号端口。DHCP 详细的交互过程如图 6-2 所示。

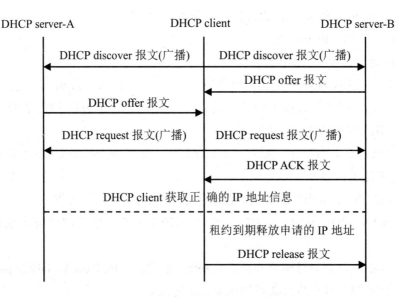

图 6-2 DHCP 详细的交互过程

（1）DHCP client 以广播的方式发出 DHCP discover 报文。

（2）所有的 DHCP server 都能够接收到 DHCP client 发送的 DHCP discover 报文，所

有的 DHCP server 都会给出响应，向 DHCP client 发送一个 DHCP offer 报文。

（3）DHCP offer 报文中"Your（client）IP address"字段就是 DHCP server 能够提供给 DHCP client 使用的 IP 地址，且 DHCP server 会将自己的 IP 地址放在 option 字段中以便 DHCP client 区分不同的 DHCP server 。DHCP server 在发出此报文后会存在一个已分配 IP 地址的纪录。

（4）DHCP client 只能处理其中的一个 DHCP offer 报文，一般的原则是 DHCP client 处理最先收到的 DHCP offer 报文。

（5）DHCP client 会发出一个广播的 DHCP request 报文，在选项字段中会加入选中的 DHCP server 的 IP 地址和需要的 IP 地址。

（6）DHCP server 收到 DHCP request 报文后，判断选项字段中的 IP 地址是否与自己的地址相同。如果不相同，DHCP server 不做任何处理只清除相应 IP 地址分配记录；如果相同，DHCP server 就会向 DHCP client 响应一个 DHCP ACK 报文，并在选项字段中增加 IP 地址的使用租期信息。

（7）DHCP client 接收到 DHCP ACK 报文后，检查 DHCP server 分配的 IP 地址是否能够使用。如果可以使用，则 DHCP client 成功获得 IP 地址并根据 IP 地址使用租期自动启动续延过程；如果 DHCP client 发现分配的 IP 地址已经被使用，则 DHCP client 向 DHCP server 发出 DHCP decline 报文，通知 DHCP server 禁用这个 IP 地址，然后 DHCP client 开始新的地址申请过程。

（8）DHCP client 在成功获取 IP 地址后，随时可以通过发送 DHCP release 报文释放自己的 IP 地址，DHCP server 收到 DHCP release 报文后，会回收相应 IP 地址并重新分配。

在使用租期超过 50%时刻处，DHCP client 会以单播形式向 DHCP server 发送 DHCP request 报文来续租 IP 地址。如果 DHCP client 成功收到 DHCP server 发送的 DHCP ACK 报文，则按相应时间延长 IP 地址租期；如果没有收到 DHCP server 发送的 DHCP ACK 报文，则 DHCP client 继续使用这个 IP 地址。

在使用租期超过 87.5%时刻处，DHCP client 会以广播形式向 DHCP server 发送 DHCP request 报文来续租 IP 地址。如果 DHCP client 成功收到 DHCP server 发送的 DHCP ACK 报文，则按相应时间延长 IP 地址租期；如果没有收到 DHCP server 发送的 DHCP ACK 报文，则 DHCP client 继续使用这个 IP 地址。P 地址使用租期到期时，DHCP client 才会向 DHCP server 发送 DHCP release 报文来释放这个 IP 地址，并开始新的 IP 地址申请过程。

需要说明的是：DHCP 客户端可以接收到多个 DHCP 服务器的 DHCP offer 数据包，然后可能接受任何一个 DHCP offer 数据包，但客户端通常只接受收到的第一个 DHCP offer 数据包。另外，DHCP 服务器 DHCP offer 中指定的地址不一定为最终分配的地址，通常情况下，DHCP 服务器会保留该地址直到客户端发出正式请求。

正式请求 DHCP 服务器分配地址 DHCP request 采用广播包，是为了让其他所有发送

DHCP offer 数据包的 DHCP 服务器也能够接收到该数据包，然后释放已经 offer（预分配）给客户端的 IP 地址。

如果发送给 DHCP 客户端的地址已经被其他 DHCP 客户端使用，客户端会向服务器发送 DHCP decline 信息包拒绝接受已经分配的地址信息。

在协商过程中，如果 DHCP 客户端发送的 request 消息中的地址信息不正确，或者客户端已经迁移到新的子网，又或者租约已经过期，DHCP 服务器会发送 DHCP NCK 给 DHCP 客户端，让客户端重新发起地址请求过程。

6.1.4 网络设备配置 DHCP

要配置 DHCP，可以按照下面任务列表进行配置，其中前三个配置任务是必须的。

- ➢ 启用 DHCP 服务器与中继代理（要求）。
- ➢ DHCP 排斥地址配置（要求）。
- ➢ DHCP 地址池配置（要求）。
- ➢ 配置 class（可选）。
- ➢ 配置绑定数据库保存（可选）。
- ➢ 手工地址绑定（可选）。
- ➢ 配置 ping 包次数（可选）。
- ➢ 配置 ping 包超时时间（可选）。
- ➢ 以太网接口 DHCP 客户端配置（可选）。
- ➢ PPP 封装链路上的 DHCP 客户端配置（可选）。
- ➢ FR 封装链路上的 DHCP 客户端配置（可选）。
- ➢ HDLC 封装链路上的 DHCP 客户端配置（可选）。

1. 启用 DHCP 服务器与中继代理

要启用 DHCP 服务器、中继代理，全局配置模式中执行以下命令。

命令	作用
R （config）#service dhcp	启用 DHCP 服务器和 DHCP 中继代理功能
R （config）#no service dhcp	关闭 DHCP 服务器和中继代理功能

2. DHCP 排斥地址配置

如果没有特别配置，DHCP 服务器会试图将在地址池中定义的所有子网地址分配给 DHCP 客户端。因此，如果想保留一些地址不想分配，比如已经分配给服务器或者设备，必须明确定义这些地址是不允许分配给客户端的。

要配置哪些地址不能分配给客户端，在全局配置模式中执行以下命令。

命令	作用
R （config）#ip dhcp excluded-address	定义 IP 地址范围，这些地址 DHCP 不会分配给客户端
R （config）#no ip dhcp excluded-address low-ip-address[high-ip-address]	取消配置地址排斥

　　配置 DHCP 服务器，一个好的习惯是将所有已明确分配的地址全部不允许 DHCP 分配，这样可以带来两个好处：①不会发生地址冲突；②DHCP 分配地址时，减少了检测时间，从而提高 DHCP 分配效率。

3. DHCP 地址池配置

　　DHCP 的地址分配以及给客户端传送的 DHCP 各项参数，都需要在 DHCP 地址池中进行定义。如果没有配置 DHCP 地址池，即使启用了 DHCP 服务器，也不能对客户端进行地址分配；但是如果启用了 DHCP 服务器，不管是否配置了 DHCP 地址池，DHCP 中继代理的总是起作用的。

　　如果 DHCP 请求包中没有 DHCP 中继代理的 IP 地址，就分配与接收 DHCP 请求包接口的 IP 地址同一子网或网络的地址给客户端。如果没定义这个网段的地址池，那么地址分配就失败。

　　如果 DHCP 请求包中有中继代理的 IP 地址，就分配与该地址同一子网或网络的地址给客户端。如果没定义这个网段的地址池，地址分配就失败。要进行 DHCP 地址池配置，请根据实际的需要执行以下任务，其中前三个任务要求执行。

> 配置地址池并进入其配置模式（要求）。
> 配置地址池子网及其掩码（要求）。
> 配置客户端缺省网关（要求）。
> 配置地址租期（可选）。
> 配置客户端的域名（可选）。
> 配置域名服务器（可选）。
> 配置 NetBIOS WINS 服务器（可选）。
> 配置客户端 NetBIOS 节点类型（可选）。
> 配置 DHCP 地址池根据 option82 分配地址（可选）。

命令	作用
R （config）#ip dhcp pooldhcp-pool	配置地址池名并进入地址池配置模式

　　（1）配置地址池名并进入配置模式。要配置地址池名并进入地址池配置模式，在全局配置模式中执行以下命令。

　　地址池的配置模式显示为"R（dhcp-config）#"。

（2）配置客户端启动文件。客户端启动文件是客户端启动时要用到的启动映像文件。启动映像文件通常是 DHCP 客户端需要下载的操作系统。

命令	作用
R　（dhcp-config）#bootfilefilename	配置客户端启动文件名

要配置客户端的启动文件，在地址池配置模式中执行以下命令。

（3）配置客户端缺省网关。配置客户端默认网关，这个将作为服务器分配给客户端的默认网关参数。缺省网关的 IP 地址必须与 DHCP 客户端的 IP 地址在同一网络。

命令	作用
R　（dhcp-config）#default- routeraddress[address2…address8]	配置缺省网关

要配置客户端的缺省网关，在地址池配置模式中执行以下命令。

（4）配置地址租期。DHCP 服务器给客户端分配的地址，缺省情况下租期为 1 天。当租期快到时客户端需要请求续租，否则过期后就不能使用该地址。

要配置地址租期，在地址池配置模式中执行以下命令。

命令	作用
R　（dhcp-config）#lease{days[hours][minutes] |infinite}	配置地址租期

（5）配置客户端的域名。可以指定客户端的域名，这样当客户端通过主机名访问网络资源时，不完整的主机名会自动加上域名后缀形成完整的主机名。

命令	作用
R　（dhcp-config）#domain-namedomain	配置域名

要配置客户端的域名，在地址池配置模式中执行以下命令。

（6）配置域名服务器。当客户端通过主机名访问网络资源时，需要指定 DNS 服务器进行域名解析。要配置 DHCP 客户端可使用的域名服务器，在地址池配置模式中执行以下命令。

命令	作用
R　（dhcp-config）#dns-serveraddress[address2…address8]	配置 DNS 服务器

（7）配置 NetBIOS WINS 服务器。NetBIOS WINS 是微软 TCP/IP 网络解析 NetNBIOS 名字到 IP 地址的域名解析服务。WINS 服务器是运行在 Windows NT 下的服务器。当 WINS 服务器启动后，会接收从 WINS 客户端发送的注册请求；NS 客户端关闭时，会向 WINS 服务器发送名字释放消息，这样 WINS 数据库中与网络上可用的计算机就可以保持一致。

要配置 DHCP 客户端可使用的 NetBIOS WINS 服务器，在地址池配置模式中执行以下命令。

命令	作用
R　（dhcp-config）#netbios-name- serveraddress[address2…address8]	配置 NetBIOS WINS 服务器

（8）配置客户端 NetBIOS 节点类型。微软 DHCP 客户端 NetBIOS 节点类型有四种：①broadcast，广播型节点，通过广播方式进行 NetBIOS 名字解析；②peer-to-peer，对等型节点，通过直接请求 WINS 服务器进行 NetBIOS 名字解析；③mixed，混合型节点，先通过广播方式请求名字解析，后通过与 WINS 服务器连接进行名字解析；④hybrid，复合型节点，首先直接请求 WINS 服务器进行 NetBIOS 名字解析，如果没有得到应答，就通过广播方式进行 NetBIOS 名字解析。

缺省情况下，微软操作系统的节点类型为广播型或者复合型。如果没有配置 WINS 服务器，就为广播型节点；如果配置了 WINS 服务器，就为复合型节点。

要配置 DHCP 客户端 NetBIOS 节点类型，在地址池配置模式中执行以下命令。

命令	作用
R　（dhcp-config）#netbios-node-typetype	配置 NetBIOS 节点类型

（9）配置 DHCP 地址池的网络号和掩码。进行动态地址绑定的配置，必须配置新建地址池的子网及其掩码，为 DHCP 服务器提供可分配给客户端的地址空间。除非有地址排斥配置，否则所有地址池中的地址都有可能分配给客户端。DHCP 在分配地址池中的地址，是按顺序进行的,如果该地址已经在 DHCP 绑定表中或者检测到该地址已经在该网段中存在,就检查下一个地址，直到分配一个有效的地址。

命令	作用
R　（dhcp-config）#networknetwork-number mask	配置 DHCP 地址池的网络号和掩码

要配置地址池子网和掩码，在地址池配置模式中执行以下命令。

（10）配置 DHCP 地址池根据 option82 分配地址。通常，DHCP 中继代理在转发报文的过程中会添加 option82 选项用来记录客户端的相关信息（如客户端所处的 VLAN、设备槽号、端口号或者用户的 1X 等级等），DHCP 服务器在收到该报文后可以通过解析 option82 信息来根据客户端的具体信息进行地址分配。如对某个 VLAN 或者某个用户等级的客户端分配某个范围内的 IP 地址。在需要根据用户的具体网络位置信息（如 VLAN、槽号、端口号）为用户分配特有的 IP 地址范围，根据用户的优先级分配特有的（如受限、非受限）IP 地址时，可以采用该功能。

4. 配置 class

每个 DHCP 地址池可以根据 option82 信息进行地址分配，把 option82 信息进行匹配归类，在 DHCP 地址池中为这些归类分别指定可以分配的网段范围。这个归类称为 class，一个 DHCP 地址池可以关联多个 class，每个 class 可以指定不同的网段范围。

在地址分配的过程中可以先根据客户端所处的网段确定可以分配的地址池，再根据 option82 信息进一步确定所属的 class，从 class 对应的网段范围中分配 IP 地址。当一个请求报文匹配地址池中有多个 class 时，按照 class 在地址池中配置的先后顺序从对应的 class 网段范围中分配地址。如果该 class 已无可分配地址，则继续从下一个匹配的 class 网段范围进行分配，以此类推。每个 class 对应一个网段范围，网段范围必须从低地址到高地址，可以允许多个 class 之间的网段范围重复。如果指明地址池关联的 class，但对应的网段范围没有配置，则该 class 默认的网段范围和 class 所处的地址池的网段范围相同。

要配置地址池关联的 class 以及 class 所对应的网段范围，在地址池配置模式中执行以下命令。

命令	作用
R （dhcp-config）#**class**class-name	配置关联的 class 名称，并进入地址池的 class 配置模式
R（config-dhcp-pool-class） #**address**range*low-ip-address*high-ip-address*	配置对应的网段范围

（1）配置 class 的 option82 匹配信息。在全局模式下进入 class 配置模式后，可以配置每个 class 对应的具体的 option82 匹配信息。一个 class 可以匹配多个 option82 信息，请求报文匹配时只要匹配其中一条信息即认为通过匹配。如果 class 不配置任何的匹配信息，则认为该 class 可以匹配任何携带 option82 信息的请求报文。请求报文只有匹配了具体的 class 后，才可从对应的地址池关联的 class 网段范围中分配地址。

命令	作用
R （config）#**ip dhcp class**class-name	配置 class 名并进入全局 class 配置模式
R （config-dhcp-class）#relay agent information	进入 option82 匹配信息配置模式
R （config-dhcp-class-relayinfo）#**relay-information** **hex**aabb.ccdd.eeff...[*]	配置具体的 option82 匹配信息 1. aabb.ccdd.eeff..为 16 进制数 2. *代表不完全匹配模式，只需要匹配*之前信息即通过匹配

要配置全局的 class 以及 class 所对应的匹配 option82 信息，在全局配置模式中执行以下命令。

注意：全局 class 可匹配的最大个数为 20 个。

（2）配置 class 的标识信息。要配置标识信息来描述 class 代表的含义，在全局配置模式中执行以下命令。

命令	作用
R （config）#**ip dhcp class**class-name	配置 class 名并进入 class 配置模式
R （config-dhcp-class）#**remark**used in #1 building	配置标识信息

（3）配置是否使用 class 分配。要设置使用 class 来进行地址分配，在全局配置模式中执行如下命令。

命令	作用
R （config）#ip dhcp use class	配置使用 class 进行地址分配

注意：默认情况下该命令打开，执行 NO 命令关闭使用 class 进行地址分配。

5. 配置定时把绑定数据库保存到 flash

为了防止设备断电重启导致设备上的 DHCP 服务器的绑定数据库（租约信息）丢失，DHCP 提供可配置的定时把绑定数据库写入 flash 的命令。默认情况下，定时为 0，即不定时写 flash。要配置定时把绑定数据库保存到 flash，在全局配置模式中执行以下命令。

命令	作用
R （config）# [no]ip dhcp database write-delay[*time*]	设置 DHCP 延迟写 flash 的 *time*: 600 s~6 400 s，缺省为 0

注意：由于不停擦写 flash 会造成 flash 的使用寿命缩短，所以在设置延迟写 flash 时间时需要注意。设置时间较短有利于设备信息更有效的保存，设置时间较长能够减少写 flash 的次数，延长 flash 的使用寿命。

6. 配置手动把绑定数据库保存到 flash

为了防止设备断电重启导致设备上的 DHCP 绑定数据库（租约信息）丢失，除了配置定时写 flash 外，也可以根据需要手动地把当前的绑定数据库信息立即写入 flash。

要配置手动把绑定数据库保存到 flash，在全局配置模式中执行以下命令。

命令	作用
R （config）#ip dhcp database write-to-flash	把 DHCP 绑定数据库信息写入 flash

地址绑定是指 IP 地址和客户端 MAC 地址的映射关系。地址绑定有两种：①手工绑定，就是在 DHCP 服务器数据库中，通过手工定义将 IP 地址和 MAC 地址进行静态映射，手工绑定其实是一个特殊地址池；②动态绑定，DHCP 服务器接收到 DHCP 请求时，动态地址址池中分配 IP 地址给客户端，而形成的 IP 地址和 MAC 地址映射。

要定义手工地址绑定，首先需要为每一个手动绑定定义一个主机地址池；然后定义 DHCP 客户端的 IP 地址和硬件地址或客户端标识。硬件地址就是 MAC 地址。微软客户端一般定义客户端标识,而不定义 MAC 地址,客户端标识包含了网络媒介类型和 MAC 地址。要配置手工地址绑定，在地址池配置模式中执行以下命令。

命令	作用
R （config）#**ip dhcp pool**name	定义地址池名，进入 DHCP 配置模式
R （dhcp-config）#**host**address[netmask]	定义客户端 IP 地址
R （dhcp-config）#**client-identifier**unique-identifier	定义客户端硬件地址，如 aabb.bbbb.bb88 定义客户端的标识，如 01aa.bbbb.bbbb.88
R （dhcp-config）#**client-name**name	（可选）用标准的 ASCII 字符定义客户端的名字，名字不要包括域名。如定义 mary 主机名，不可定义成 mary.rg.com

7. 配置 ping 包次数

缺省情况，当 DHCP 服务器试图从地址池中分配一个 IP 地址时，会对该地址执行两次 ping 命令（一次一个数据包）。如果 ping 没有应答，DHCP 服务器认为该地址为空闲地址，就将该地址分配给 DHCP 客户端；如果 ping 有应答，DHCP 服务器认为该地址已经在使用，就试图分配另外一个地址给 DHCP 客户端，直到分配成功。

要配置 ping 包次数，在全局配置模式中执行以下命令。

命令	作用
R （config）#ip dhcp ping packets[number]	配置 DHCP 服务器在分配地址之前的 ping 包次数，如果设为 0 则不进行 ping 操作，缺省为 2

8. 配置 ping 包超时时间

缺省情况下，DHCP 服务器 ping 操作如果 500 ms 没有应答，就认为没有该 IP 地址主机存在。可以通过调整 ping 包超时时间，改变服务器 ping 等待应答的时间。

命令	作用
R （config）#**ip dhcp ping timeout**milliseconds	配置 DHCP 服务器 ping 包超时时间，缺省为 500 ms

要配置 ping 包超时时间，在全局配置模式中执行以下命令。

9. 以太网接口 DHCP 客户端配置

配置以太网接口 DHCP 客户端，在接口配置模式中执行以下命令。

命令	作用
R （config-if）#ip address dhcp	配置通过 DHCP 得到 IP 地址

10. PPP 封装链路上的 DHCP 客户端配置

配置 DHCP 客户端，在接口配置模式中执行以下命令。

命令	作用
R （config-if）#ip address dhcp	配置通过 DHCP 得到 IP 地址

11. FR 封装链路上的 DHCP 客户端配置

在接口配置模式中执行以下命令。

命令	作用
R（config-if）#ip address dhcp	配置通过 DHCP 得到 IP 地址

12. HDLC 封装链路上的 DHCP 客户端配置

配置 DHCP 客户端，在接口配置模式中执行以下命令。

命令	作用
R（config-if）#ip address dhcp	配置通过 DHCP 得到 IP 地址

实训 1：DHCP 服务配置与管理

DHCP 拓扑结构如图 6-3 所示。

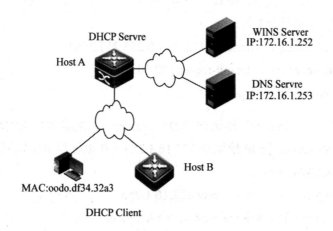

图 6-3   DHCP 拓扑结构

1. 实现要求

（1）host A 可以作为 DHCP server 为一部分客户端用户分配动态 IP 地址。可分配地址的网段为 172.16.1.0/24，缺省网关为 172.16.1.254，域名为 ruijie.com.cn，域名服务器为 172.16.1.253，WINS 服务器为 172.16.1.252，NetBIOS 节点类型为复合型，地址租期为 1 天。在地址的网段中除了 172.16.1.2~172.16.1.100 地址外，其余地址均为可分配地址。

（2）host A 为一部分客户端用户分配固定 IP 地址。对 MAC 地址为 00d0.df34.32a3 的 DHCP 客户端分配的 IP 地址为 172.16.1.101，掩码为 255.255.255.0，主机名为 admin，缺省网关为 172.16.1.254，域名服务器为 172.16.1.253，WINS 服务器为 172.16.1.252，NetBIOS 节点类型为复合型。

（3）HOST B 为设备接口 fastethernet 0/0 配置 DHCP 自动分配地址。

2. 配置要点

（1）在 host A 上开启 DHCP 服务器功能，创建一个地址池，用于配置动态分配 IP 地址。另外创建一个地址池，用于手工绑定 IP 地址。并在相应的地址池指定域名服务器地址（本例为 DNS server 和 WINS server 的地址）以及客户端的域名。

（2）在 host B 上指定接口开启 DHCP 客户端功能，自动获取 IP 地址。

3. 配置步骤

步骤 1：在 host A 上，创建新的 DHCP 地址池，配置动态分配 IP 地址。

！配置地址池名为"dynamic"，并进入 DHCP 配置模式。

hostA# configure terminal

Enter configuration commands, one per line. End with CNTL/Z.

hostA（config）# ip dhcp pool dynamic

！在 DHCP 配置模式下，配置一个可分配给客户的 IP 地址网段，并配置该地址网段的默认网关。并设置租期为 1 天。

hostA（dhcp-config）# network 172.16.1.0 255.255.255.0

hostA（dhcp-config）# default-router 172.16.1.254

hostA（dhcp-config）# lease 1

步骤 2：指定"dynamic"地址池的 DNS server，并配置客户端的域名。

！假设 DNS server 的 IP 地址是 172.16.1.253，在地址池中配置域名服务器，并配置客户端域名为 AAAAA.com.cn。

hostA（dhcp-config）# dns-server 172.16.1.253

hostA（dhcp-config）# domain-name ΛΛΛΛΛ.com.cn

步骤 3：指定"dynamic"地址池的 WINS server，并配置客户端 NetBIOS 节点类型。

！假设 WIN server 的 IP 地址是 172.16.1.252，在地址池中配置 NetBIOS WINS 服务器，并配置 NetBIOS 节点类型为 hybrid。

hostA（dhcp-config）# netbios-name-server 172.16.1.252

hostA（dhcp-config）# netbios-node-type h-node

步骤 4：在全局模式下配置排斥地址。

！如上，IP 地址为 172.16.1.254、172.16.1.253、172.16.1.252 已经分配作为对应网段的网关、DNS 服务器、WINS 服务器的地址，并且地址范围 172.16.1.2~172.16.1.100 也不允许分配。通过排斥地址配置明确这些地址不允许分配给客户端用户。

hostA（dhcp-config）# exit

hostA（config）# ip dhcp excluded-address 172.16.1.252 172.16.1.254

hostA（config）# ip dhcp excluded-address 172.16.1.2 172.16.1.100

步骤 5：创建另一个地址池，配置手工绑定 IP 地址。

！配置地址池名为"static"，并进入 DHCP 配置模式。

hostA（config）# ip dhcp pool static

！ 指明 IP 地址为 172.16.1.101/24 手工绑定 MAC 地址为 00d0.df34.32a3，客户端名称为 admin。注意：定义客户端的标识需增加网络媒介类型标识（以太网类型为"01"），即手工绑定的 MAC 地址对应的客户端标识为 00d0.df34.32a3.14。

hostA（dhcp-config）# host 172.16.1.101 255.255.255.0

hostA（dhcp-config）# client-identifier 00d0.df34.32a3.14

hostA（dhcp-config）# client-name admin

步骤 6：指定"static"地址池对应的网关地址。

！配置网关地址为 172.16.1.254。

hostA（dhcp-config）# default-router 172.16.1.254

步骤 7：指定"static"地址池的 DNS server ，并配置客户端的域名。

！同上，并配置客户端域名为 ruijie.com。

hostA（dhcp-config）# dns-server 172.16.1.253

hostA（dhcp-config）# domain-name AAAAA.com

步骤 8：指定"static"地址池的 WINS server ，并配置客户端 NetBIOS 节点类型。

！同上。

hostA（dhcp-config）# netbios-name-server 172.16.1.252

hostA（dhcp-config）# netbios-node-type h-node

hostA（dhcp-config）# exit

步骤 9：在 host A 上启用 DHCP server 。

hostA（dhcp-config）# exit

hostA（config）# service dhcp

步骤 10：在 host B 上启用 DHCP client。

！此例默认客户端的接口为三层口，启动 DHCP client。

hostB（config）# interface fastethernet 0/1

hostB（config-if-fastethernet 0/1）# ip address dhcp

4.　验证结果

步骤 1：host A 的配置信息。

```
hostA# show running-config
!
service dhcp
!
ip dhcp excluded-address 172.16.1.252 172.16.1.254
ip dhcp excluded-address 172.16.1.2 172.16.1.100
!
!
ip dhcp pool dynamic
netbios-node-type n-node
netbios-name-server 172.16.1.252
domain-name AAAAA.com.cn
lease 1 0 0
network 172.16.1.0 255.255.255.0
dns-server 172.16.1.253
default-router 172.16.1.254
!
ip dhcp pool static
client-name admin
client-identifier 00d0.df34.32a3.14
host 172.16.1.101 255.255.255.0
netbios-node-type n-node
netbios-name-server 172.16.1.252
domain-name AAAAA.com.cn
dns-server 172.16.1.253
default-router 172.16.1.254
!
```

步骤 2：host B 的配置信息。

```
hostB# show running-config
!
interface fastethernet 0/1
//注：如果是交换机设备，这里应该还有 no switchport 命令，将接口设置为三层口
ip address dhcp
```

步骤 3：一台 MAC 地址为 0013.2049.9014 的 PC，在 host A 上查看 DHCP server 分配 IP 地址信息。

R#show ip dhcp bindingIP address client-identifier/ lease expiration type

hardware address

172.16.1.101 00d0.df34.32a3.14 IDLE manual 172.16.1.102 0100.e04c.70b7.e2 000 days 23 hours 48 mins automatic

拓展训练 1：DHCP 拓展训练

某高校由于用户增长迅速，现在准备在一台网络设备路由器上配置 DHCP 服务器，为下游连接的网络用户提供 IP 地址自动获取服务，实现用户 IP 地址的自动分配与上网。

DHCP 拓展训练拓扑图如图 6-4 所示。

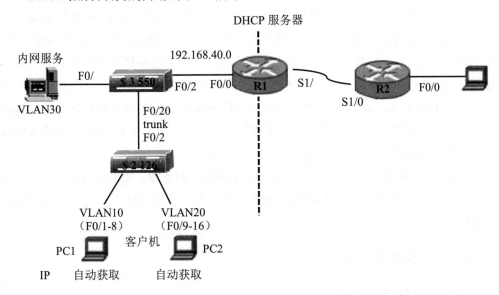

图 6-4　DHCP 拓展训练拓扑图

6.2　DHCP 中继的配置与管理

某企业有两个部门，分别能过三台交换机互联，并且两个部门在不同的网段上。为了提高员工的办事效率，现要为两个部门员工的电脑自动取得 IP 地址等相关信息，以便员工们能随时连接上互联网。

6.2.1 DHCP relay 基本知识

DHCP relay（DHCPR）DHCP 中继，也称为 DHCP 中继代理。DHCP 中继代理，就是在 DHCP 服务器和客户端之间转发 DHCP 数据包。当 DHCP 客户端与服务器不在同一个子网上，就必须有 DHCP 中继代理来转发 DHCP 请求和应答消息。DHCP 中继代理的数据转发，与通常路由转发是不同的。通常的路由转发是透明传输的，设备一般不会修改 IP 包内容，而 DHCP 中继代理接收到 DHCP 消息后，重新生成一个 DHCP 消息，然后转发出去。

在 DHCP 客户端看来，DHCP 中继代理就像 DHCP 服务器；在 DHCP 服务器看来，DHCP 中继代理就像 DHCP 客户端。

6.2.2 DHCP 中继

DHCP discover 是以广播方式进行的，情形只能在同一网段之内进行，因为路由器是不会将二层广播包转发出去的。由于 DHCP 客户端还没有 IP 环境设定，所以也不知道路由器地址，而且有些 router 也不会将 DHCP 广播封包传递出去。因此这情形下 DHCP discover 是永远没办法抵达 DHCP 服务器端的，当然也不会发生 offer 及其他动作了。要解决这个问题，首先可以用 DHCP agent（或 DHCP proxy）主机来接管客户的 DHCP 请求；然后将此请求传递给真正的 DHCP 服务器；最后将服务器的回复传给客户。这里，proxy 主机必须自己具有路由能力，且能将双方的封包互传对方。

若不使用 proxy，也可以在每一个网络之中安装 DHCP 服务器。如果执行此操作，一是设备成本会增加；二是管理上也比较分散。当然，如果在大型的网络中，这样的均衡式架构还是可取的。

实训 2：DHCP 中继配置与管理

DHCP 拓扑结构图如图 6-5 所示。

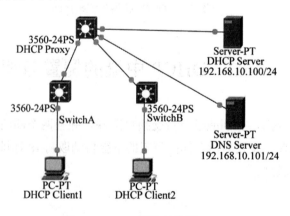

图 6-5 DHCP 拓扑结构图

说明如下。

（1）DHCP 服务器、DNS 服务器属于 vlan10。

（2）switchA 属于 vlan20，switchB 属于 vlan30。

1. 实现要求

（1）switch proxy 作为 DHCP 代理为一部分客户端用户分配动态 IP 地址。

（2）DHCP server 可分配地址的网段如下。

➢ 192.168.20.0/24，缺省网关为 192.168.20.254，域名为 ruijie.com.cn，域名服务器为 192.168.10.101，DHCP 服务器为 192.168.10.100，NetBIOS 节点类型为复合型，地址租期为 1 天。在地址的网段中除了 192.168.20.2~192.168.20.100 地址外，其余地址均为可分配。

➢ 192.168.30.0/24，缺省网关为 192.168.30.254，域名为 ruijie.com.cn，域名服务器为 192.168.10.101，DHCP 服务器为 192.168.10.100，NetBIOS 节点类型为复合型，地址租期为 1 天。在地址的网段中除了 192.168.30.2～192.168.30.100 地址外，其余地址均为可分配。

（3）host B 为设备接口 fastethernet 0/0 配置 DHCP 自动分配地址。

2. 配置要点

（1）在 DHCP 服务器上配置 DHCP 服务，创建 2 个地址池，用于配置动态分配 IP 地址。并在相应的地址池指定域名服务器地址（本例为 DNS server）以及客户端的域名。

（2）在 host A 上指定接口开启 DHCP 中继功能，自动获取 IP 地址。

3. 配置步骤

步骤 1：在 DHCP server 上，创建 2 个新的 DHCP 地址池，配置动态分配 IP 地址如表 6-1 所示。

表 6-1　配置动态分配 IP 地址

pool name	default gateway	DNS sever	start IP address	subnet mask	max number	TFTP sever
sever pool	192.168.20.254	192.168.10.101	192.168.20.101	255.255.255.0	155	0.0.0.0
sever pool1	192.168.30.254	192.168.10.101	192.168.30.101	255.255.255.0	155	0.0.0.0

步骤 2：在 DHCP proxy 上将相应端口划分 Vlan，本例将 G0/1 划分到 Vlan20；G0/2 划分到 Vlan30；F0/1~F0/10 划分到 Vlan10。

switch（config）#vlan 10

switch（config-vlan）#vlan 20

switch（config-vlan）#vlan 30

switch（config-vlan）#int vlan 10

switch（config-if）#ip address 192.168.10.254 255.255.255.0

switch（config-if）#int vlan 20

switch（config-if）#ip address 192.168.20.254 255.255.255.0

switch（config-if）#int vlan 30

switch（config-if）#ip address 192.168.30.254 255.255.255.0

switch（config）#int g0/1

switch（config-if）#switchport access vlan 20

switch（config-if）#int g0/2

switch（config-if）#switchport access vlan 30

switch（config-if）#int range f0/1-10

switch（config-if-range）#switchport access vlan 10

步骤 3：在 DHCP proxy 上将虚拟端口 vlan20 和 vlan30 配置 DHCP 中继。

switch（config）#int vlan 20

switch（config-if）#ip helper-address 192.168.10.100

switch（config-if）#int vlan 30

switch（config-if）#ip helper-address 192.168.10.100

步骤 4：在 DHCP　client1 上启用 DHCP client，如图 6-6 所示。

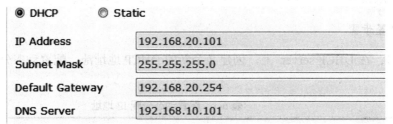

图 6-6　client1 上启用 DHCP client

拓展训练 2：某企业的 DHCP 中继配置与管理

某企业不断地拓展业务，公司机构也作了相应的调整，由原来的两个部门扩展到 6 个部门。现准备在一台网络设备路由器上配置 DHCP 服务器，为下游连接的网络用户提供 IP 地址自动获取服务，实现用户 IP 地址的自动分配与上网。某企业拓扑结构图如图 6-7 所示。

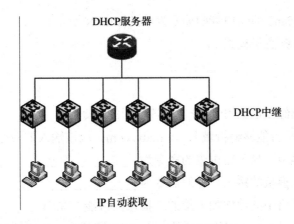

DHCP服务器

DHCP中继

IP自动获取

图 6-7　某企业网络拓扑结构图

本章小结

本章主要讲述了 DHCP 服务的配置与管理、DHCP 中继的配置与管理。通过本章的学习，读者应掌握 DHCP 服务和 DHCP 中继的工作原理；了解三层交换机配置 DHCP 服务的方法。

本章习题

一、选择题

1. 下列 DNS 服务器中负责非本地域名查询的是（　　）。

A. 缓存域名服务器　　　　　　　　B. 主域名服务器

C. 辅域名服务器　　　　　　　　　D. 转发域名服务器

2. 下列关于 DHCP 服务器的描述中，正确的是（　　）。

A. 客户端只能接受本网段内 DHCP 服务器提供的 IP 地址

B. 需要保留 IP 地址可以包含在 DHCP 服务器的地址池中

C. DHCP 服务器不能帮助用户指定 DNS 服务器

D. DHCP 服务器可以将一个 IP 地址同时分配给两个不同用户

3. 交换机配置命令 2950A（vlan）#vlan 3 name vlan3 的作用是（　　）。

A. 创建编号为 3 的 VLAN，并命名为 vlan3

B. 把名称为 vlan3 的主机划归编号为 3 的 VLAN

C．把名称为 vlan3 的端口划归编号为 3 的 VLAN

D．进入 vlan3 配置子模式

二、填空题

1．手动释放已经获取的 IP 地址，应该使用的命令是_____。

2．检查 DNS 是否能够解析域名 www.abc.com，应该输入的命令为_____。

3．思科路由器中，显示路由表的命令为_____。

4．开启三层交换机的路由功能的命令为_____。

5．假如发现网络中突然增加大量的广播包，可能的原因是_____。

6．如图 6-9 所示为路由器中捕获的一个 ARP 广播包，该广播包的源 IP 是_____，目标 IP 是_____。

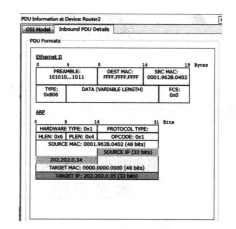

图 6-9　路由器中捕获的一个 ΛRP 广播包

参考文献

[1] 杨昊龙，杨云，沈宇春. 局域网组建、管理与维护[M]. 3 版 北京：机械工业出版社 2019.

[2] 宋一兵. 局域网组建与维护项目式教程[M]. 3 版 北京：人民邮电出版社 2019.

[3] 郝阜平. 小型局域网组建与维护[M]. 杭州：浙江大学出版社 2019.

[4] 胡东华. 局域网组建与维护经典课堂[M]. 北京：清华大学出版社 2020.

[5] 王达. 华为路由器学习指南[M]. 2 版 北京：人民邮电出版社 2020.

[6] 刘丹宁，田果，韩士良. 路由与交换技术 [M]. 北京：人民邮电出版社 2020.